U0182494

本书获得华东交通大学教材（专著）基金资助项目支持

程序设计
实践入门

大学程序设计课程与竞赛训练教材

Preliminary Programming Practice

for Collegiate Programming Contest and Education

周娟 吴永辉 编著

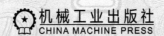

机械工业出版社
CHINA MACHINE PRESS

图书在版编目（CIP）数据

程序设计实践入门：大学程序设计课程与竞赛训练教材 / 周娟，吴永辉编著 . -- 北京：机械工业出版社，2021.7（2024.6 重印）

ISBN 978-7-111-68579-1

I. ①程… Ⅱ. ①周… ②吴… Ⅲ. ①程序设计 - 高等学校 - 教材 Ⅳ. ① TP311.1

中国版本图书馆 CIP 数据核字（2021）第 126851 号

这是一本专门用于程序设计入门训练的书籍。第 1～3 章基于程序设计语言的基础内容，循序渐进地展开编程实验，包括基本数据类型、输入 / 输出、选择结构、循环结构、数组、字符串以及函数、结构体和指针；第 4 章给出数学相关算法的编程实验，包括基础几何、欧几里得算法、概率论、微积分和矩阵计算；第 5 章给出各种排序算法的编程实验，包括选择排序、插入排序、冒泡排序、归并排序和快速排序，并给出利用排序函数进行排序以及结构体排序的编程实验；第 6 章给出 STL 容器及 STL 算法的相关实验。

本书可作为程序设计竞赛选手的入门训练参考书，也可作为高校程序设计入门课程的教材。

出版发行：机械工业出版社（北京市西城区百万庄大街 22 号　邮政编码：100037）

责任编辑：朱　劼　　　　　　　　　　　　责任校对：马荣敏

印　　刷：北京机工印刷厂有限公司　　　　版　　次：2024 年 6 月第 1 版第 2 次印刷

开　　本：185mm×260mm　1/16　　　　　印　　张：11.25

书　　号：ISBN 978-7-111-68579-1　　　　定　　价：69.00 元

客服电话：(010) 88361066　88379833　68326294

我们编著"大学程序设计课程与竞赛训练教材"系列图书的初心是，基于程序设计竞赛的试题，以全面、系统地训练和提高学生编程解决问题的能力为目标，出版既能用于大学程序设计类课程的教学和实验，又能用于程序设计竞赛选手训练的著作。目前，这一系列在中国大陆出版了简体中文版，在中国台湾地区出版了繁体中文版，在美国由CRC Press 出版了英文版。而我们不仅对本系列不断进行改进，也就课程建设、教学和训练体系的建设开展了一系列的工作。

对于"大学程序设计课程与竞赛训练教材"系列图书的建设，宁夏理工学院副校长俞经善教授建议，要出版一部专门进行程序设计入门训练的书籍，它不仅能够适用于"双一流"院校的学生，也要能够适用于应用技术型院校的学生。华东交通大学的周娟老师一直负责学校的程序设计竞赛训练，她有一本使用了若干年的讲义，我们对这本讲义进行了改编，形成了本书。

对于本书的编写，我们的指导思想如下。

1）内容上，基于大学一年级的程序设计语言、高等数学、线性代数课程的教学内容，以及中学期间所学的数学、物理相关知识，让学生体会和实践通过编程解决问题。

2）形式上，和系列著作一样，章节的组织以实验为核心，以程序设计竞赛试题以及详细的解析、带注解的程序作为主要内容。

本书的内容如下。

第 1 章给出简单输出，以及练习"输入 – 处理 – 输出"模式的实验。第 2 章给出选择结构、循环结构、嵌套结构、数组、二维数组、字符和字符串的实验；第 3 章给出函数、递归函数、结构体、指针的实验。本书的前三章是基于程序设计语言的教学大纲，循序渐进地展开编程实验，可以作为程序设计语言课程的实验教材。

第 4 章分为五节：几何初步，欧几里得算法和扩展的欧几里得算法，概率论初步，微积分初步，矩阵计算。一方面，结合学生在中学期间所学习和掌握的数学知识进行编程解题训练；另一方面，配合学生大一期间学习的高等数学中的导数、线性代数中的矩阵给出编程实验。第 5 章也分为五节：简单的排序算法（选择排序、插入排序、冒泡排序），归并排序，快速排序，利用排序函数进行排序，结构体排序。首先，给出运用运行时间为 $O(n^2)$ 的简单排序算法进行排序的实验；然后，给出运用时间复杂度为 $O(n\log_2 n)$ 的排序算法进行排序的实验；最后，给出利用排序函数进行排序以及结构体排序的实验。第 6 章分为两节：STL 容器，STL 算法。

本书可作为大学程序设计语言入门课程的实验教材，也可用作程序设计竞赛选手的入门训练参考书籍。

我们对浩如烟海的 ACM-ICPC 程序设计竞赛区域预赛和全球总决赛、大学的程序设计竞赛、在线程序设计竞赛以及中学生信息学奥林匹克竞赛的试题进行了分析和整理，从中精选出 84 道试题（包括一题多解）作为本书的实验范例试题，每道试题不仅有详尽的试题解析，还给出了标有详细注释的参考程序。

机工网站（course.cmpreading.com）提供了本书所有试题的英文原版以及大部分试题的官方测试数据。

这些年来，我们秉承"不忘初心，方得始终"的信念，不断地完善和改进系列著作。我们非常感谢广大海内外同人的情义相挺，并特别感谢中国大陆及中国台湾、中国香港、中国澳门的同人一起创建 ACM-ICPC 亚洲训练联盟，该联盟不仅为本书也为我们的系列著作及其课程建设提供了一个实践的平台。

由于时间和水平所限，书中肯定会夹杂一些错误，表述不当和笔误也在所难免，热忱欢迎学术界同人和读者赐正。如果你在阅读中发现了问题，请通过电子邮件告诉我们，以便我们在课程建设和中英文版再版时加以改进。联系方式如下。

通信地址：上海市邯郸路 220 号复旦大学计算机科学技术学院 吴永辉（邮编：200433）

电子邮件：yhwu@fudan.edu.cn

周　娟　吴永辉

2021 年 4 月

注：本书试题的在线测试地址如下。

在线评测系统	简称	网址
北京大学在线评测系统	POJ	http://poj.org/
浙江大学在线评测系统	ZOJ	https://zoj.pintia.cn/home
UVA 在线评测系统	UVA	http://uva.onlinejudge.org/ http://livearchive.onlinejudge.org/
Ural 在线评测系统	Ural	http://acm.timus.ru/
HDOJ 在线评测系统	HDOJ	http://acm.hdu.edu.cn/
计蒜客在线评测系统	计蒜客	https://nanti.jisuanke.com/acm
Gym 在线评测系统	Gym	http://codeforces.com/problemset

目录

前言

第 1 章　编程起点：输入和输出 ……… 1
　1.1　输出 ……………………………… 1
　1.2　输入与输出 …………………… 2
第 2 章　编程基础 I …………………… 4
　2.1　选择结构 ………………………… 4
　2.2　循环结构 ………………………… 7
　2.3　嵌套结构 ……………………… 14
　2.4　数组 …………………………… 21
　　2.4.1　数组的特点 ……………… 22
　　2.4.2　离线计算 ………………… 26
　　2.4.3　序列 ……………………… 29
　2.5　二维数组 ……………………… 33
　2.6　字符和字符串 ………………… 41
第 3 章　编程基础 II ………………… 49
　3.1　函数 …………………………… 49
　3.2　递归函数 ……………………… 57
　3.3　结构体 ………………………… 61
　3.4　指针 …………………………… 69

第 4 章　数学计算 …………………… 76
　4.1　几何初步 ……………………… 76
　4.2　欧几里得算法和扩展的欧几里得
　　　　算法 …………………………… 87
　4.3　概率论初步 …………………… 93
　4.4　微积分初步 …………………… 101
　4.5　矩阵计算 ……………………… 108
第 5 章　排序 ………………………… 115
　5.1　简单的排序算法：选择排序、
　　　　插入排序、冒泡排序 ……… 116
　5.2　归并排序 ……………………… 122
　5.3　快速排序 ……………………… 129
　5.4　利用排序函数进行排序 ……… 132
　5.5　结构体排序 …………………… 138
第 6 章　C++ STL ………………… 144
　6.1　STL 容器 ……………………… 144
　　6.1.1　序列式容器 ……………… 144
　　6.1.2　关联式容器 ……………… 150
　　6.1.3　迭代器 …………………… 161
　6.2　STL 算法 ……………………… 170

第 1 章

编程起点：输入和输出

小到一个程序，大到一个软件系统，都是"输入 – 处理 – 输出"的模式。所以，本章展开输入和输出的实验，让读者了解和实践如何编写、编译和调试程序，以及在线提交程序的基本过程。

对于 C 语言，scanf 函数和 printf 函数分别是输入函数和输出函数，被声明在头文件 stdio.h 里，所以，在使用 scanf 函数和 printf 函数时，要加上" #include <stdio.h>"。

C++ 的输出和输入是用"流"（stream）的方式实现的，流对象 cin、cout 和流运算符的定义等信息在 C++ 的输入 / 输出流库中，因此，如果在程序中使用 cin、cout 和流运算符，就要加上" #include<iostream>"。

1.1　输出

程序设计学习的起点是编写一个在标准输出中直接输出一行字符串" Hello World"的程序。【1.1.1　Fibonacci Sequence】是一道类似的试题。

【1.1.1　Fibonacci Sequence】

斐波那契数列是一个自然数的序列，定义如下：

- $F_1=1$；
- $F_2=1$；
- $F_n=F_{n-1}+F_{n-2}$，其中 $n>2$。

编写程序，输出斐波那契数列中的前 5 个数字。

输出

输出 5 个整数，即斐波那契数列中的前 5 个数字。在输出中，任何两个相邻数字都用一个空格分隔，行的末尾没有额外的空格或符号。

样例输入	样例输出
（无输入）	1 1 2 3 5

试题来源： 2019 ICPC Asia Yinchuan Regional Programming Contest
在线测试： 计蒜客 A2268

试题解析

本题要求完成一个最简单的程序，没有输入，只输出斐波那契数列中的前 5 个数字。

参考程序 1 为 C 语言版，参考程序 2 为 C++ 语言版。

参考程序 1

```c
#include <stdio.h>
int main(){
    printf("1 1 2 3 5");        //输出斐波那契数列中的前 5 个数字
}
```

参考程序 2

```cpp
#include<iostream>
using namespace std;
int main(){
    cout<<"1 1 2 3 5"<<endl;    //输出斐波那契数列中的前 5 个数字
}
```

1.2 输入与输出

在【1.1.1 Fibonacci Sequence】的基础上，完成【1.2.1 A+B Problem】，体验程序的"输入 – 处理 – 输出"模式。

【1.2.1 A+B Problem】

计算 $a+b$。

输入

两个整数 a 和 b（$0 \leqslant a, b \leqslant 10$）。

输出

输出 $a+b$ 的结果。

样例输入	样例输出
1 2	3

在线测试：POJ 1000，ZOJ 1000

试题解析

本题是一道练习"输入 – 处理 – 输出"模式的入门试题。

首先，根据试题描述中给出的数据的范围，定义三个 int 类型的变量 a、b、c；然后，输入两个整数，赋给 a 和 b；接下来，通过赋值语句，计算表达式 $a+b$，赋给变量 c；最后，输出结果 c。

参考程序

```c
#include <stdio.h>
int main(void) {
    int a, b,c;
    scanf("%d%d", &a, &b);      // 输入两个整数 a 和 b
    c=a+b;                      // 处理：计算 a+b
    printf("%d\n",c);           // 输出 a+b
    return 0;
}
```

【1.2.1　A+B Problem】的参考程序是 C 语言版，建议读者在此基础上，完成【1.2.1　A+B Problem】的 C++ 语言版的程序。

第2章

编程基础 I

1984 年，图灵奖得主尼古拉斯·沃斯（Nicklaus Wirth）提出了著名公式"算法 + 数据结构 = 程序"，其中，算法是编程解决问题的方法，数据结构是现实世界中要被处理的信息在程序中的表示形式。从程序设计语言的角度来看，数据结构是由基本的数据类型（即整数、实数、字符）以及数组、指针、结构组成的。而算法则是通过顺序结构、选择结构、循环结构和函数来实现的，选择结构包括 if 选择结构和 switch 选择结构，循环结构包括 while 循环结构、do while 循环结构和 for 循环结构。

由于各类程序设计语言的书籍已经汗牛充栋，有关程序设计语言，我们不再赘述，而是侧重于编程解决问题。

在第 1 章"输入－处理－输出"的实验基础上，本章编程训练的重点是如何正确地处理输入和输出，以及掌握基本数据类型、顺序结构、选择结构、循环结构、数组、字符串并运用它们来分析问题和解决问题。通过简单计算的编程实验，学生可以掌握 C/C++ 或 Java 等程序设计语言的基本语法，熟悉在线测试系统和编程环境，初步学会怎样将一个自然语言描述的实际问题抽象成一个计算问题，给出计算过程，继而编程实现计算过程，并将计算结果还原成对原来问题的解答。

2.1 选择结构

程序设计语言中的选择结构包括 if 选择结构和 switch 选择结构。if 选择结构有三种形式。

1）单分支 if 选择结构，例如：

```
if (score>=60) printf("pass");                    // 单分支 if 语句
```

2）if else 选择结构，例如：

```
if (score>=60) printf("pass");
    else printf("fail");
```

3）多分支 if else 选择结构，例如：

```
if (score>=90) printf("excellent");               // 多分支 if 语句
    else if (score>=80) printf("good");
        else if (score>=70) printf("secondary");
```

```
    else if (score>=60) printf("pass");
        else printf("fail");
```

首先，给出实验【2.1.1　Accurate Movement】，这是一个单分支 if 语句实验。

【2.1.1　Accurate Movement】

Amelia 做了一个 $2 \times n$ 大小的矩形盒子，里面有两条平行的轨道，每条轨道上都有一个矩形块。短矩形块的尺寸为 $1 \times a$，长矩形块的尺寸为 $1 \times b$。长矩形块的两端各有一个止动栏杆，短矩形块则始终位于这两个止动栏杆之间。

只要短矩形块在长矩形块的止动栏杆之间，矩形块就可以沿着轨道移动，一次可以移动一个矩形块。因此，在每次移动时，Amelia 都会选择其中一个矩形块移动它，而另一个矩形块则保持原来的位置。最初，两个矩形块在矩形盒子的一侧对齐，Amelia 希望通过尽可能少的移动次数将两个矩形块移动到矩形盒子的另一侧并对齐，如图 2.1-1 所示。要达到这一目标，Amelia 最少要移动矩形块多少次？

图 2.1-1

输入

输入一行，给出三个整数 a、b 和 n（$1 \leqslant a < b \leqslant n \leqslant 10^7$）。

输出

输出一行，给出一个整数，即 Amelia 最少要移动矩形块的次数。

样例输入	样例输出
1 3 6	5
2 4 9	7

试题来源：ICPC 2019-2020 North-Western Russia Regional Contest
在线测试：计蒜客 A2270，Gym 102411A

试题解析

由于初始时，长矩形块 $1 \times b$ 和短矩形块 $1 \times a$ 是左对齐的，所以开始要移动短矩形块且短矩形块能移动的最大距离是 $b-a$。此后，每次长矩形块和短矩形块能移动的最大距离也是 $b-a$，对于 $2 \times n$ 大小的矩形盒子，长矩形块要移动的距离是 $n-b$，所以，长矩形块和短矩形块交替移动，长矩形块的最少移动次数是 $\left\lceil \dfrac{n-b}{b-a} \right\rceil$，而短矩形块的最少移动次数是 $\left\lceil \dfrac{n-b}{b-a} \right\rceil + 1$。所以，Amelia 最少要移动矩形块的次数是 $2 \times \left\lceil \dfrac{n-b}{b-a} \right\rceil + 1$。

因为 a、b 和 n 是整数，而整数的除运算是向下取整，所以，在程序中，要判断 $(n-b) \% (b-a)$ 是否为 0，如果不为 0，则 $(n-b)/(b-a)$ 要向上取整，即 $(n-b)/(b-a)+1$。

参考程序

```cpp
#include<iostream>
using namespace std;
int main()
{
    int a,b,n;
    cin>>a>>b>>n;
    int ans=1;          // 开始要移动短矩形块 1 次
    n-=b;               // 长矩形块要移动的距离
    int k=b-a;          // 每次能移动的最大距离
    ans+=(n/k)*2;       // n/k 向下取整
    if(n%k)             // n/k 需要向上取整
    {
        ans+=2;
    }
    cout<<ans<<endl;    // 最少要移动矩形块的次数
    return 0;
}
```

实验【2.1.2　Sum】是一个 if else 选择结构实验。

【2.1.2　Sum】

请你求出 $1 \sim n$ 之间的所有整数的总和。

输入

输入是一个绝对值不大于 10 000 的整数 n。

输出

输出一个整数，该整数是所有在 $1 \sim n$ 之间的整数的总和。

样例输入	样例输出
-3	-5

试题来源：ACM 2000 Northeastern European Regional Programming Contest (test tour)

在线测试：Ural 1068

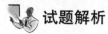 **试题解析**

本题要求求出 $1 \sim n$ 之间所有整数的总和，而 n 是一个绝对值不大于 10 000 的整数。等差数列的求和公式为 $S_n = n \times a_1 + \dfrac{n \times (n-1)}{2} \times d$，其中 a_1 为首项，d 为公差，$n \in \mathbf{N}$。如果 n 是大于 0 的正整数，则 $S_n = 1 + 2 + \cdots + n = \dfrac{n \times (n+1)}{2}$，否则 $S_n = \dfrac{n \times (1-n)}{2} + 1$。

参考程序

```cpp
#include <iostream>
using namespace std;
int main()
{
    int n;                  // 输入值：绝对值不大于 10000 的整数 n
    cin>>n;
    int s=0;                // s：1 ~ n 之间的整数的总和
    if(n>0)                 // if else 选择结构实现等差数列的求和公式
        s=n*(1+n)/2;
    else
        s=n*(1-n)/2+1;
    cout<<s<<endl;          // 输出所有在 1 ~ n 之间的整数的总和
    return 0;
}
```

2.2 循环结构

循环语句有 while 语句、do while 语句和 for 语句。

while 语句的一般形式为：

```
while（表达式）
{
    循环体
}
```

功能：先判断表达式值的真假，若为真（非零），就执行循环体，否则退出循环结构。允许 while 语句的循环体中包含另一个 while 语句，形成循环的嵌套。

do while 语句用来构造"直到型"循环结构，也多用于循环次数事先不确定的问题。其一般形式为：

```
do{
    循环体
} while ( 表达式 );
```

功能：先执行一次循环体，再判断表达式的真假。若表达式为真，则继续执行循环体，一直到表达式为假时退出循环结构。注意 while 后面的";"号不能少。由此可以看出，对于同一个问题，可以用当型循环，也可以用直到型循环，do while 的循环体至少要被执行一次。

for 语句的一般形式为：

```
for( 表达式 1; 表达式 2; 表达式 3)
    循环体
```

for 语句的执行过程为：

1）第 1 步：求解表达式 1。

2）第 2 步：求解表达式 2，若其值为真，则执行循环体，求解表达式 3，继续第 2 步；若表达式 2 值为假，则结束循环。

实验【2.2.1　Back to High School Physics】给出 while 语句的实验。

【2.2.1　Back to High School Physics】

一个粒子有初速度和加速度。如果在 t 秒时这个粒子的速度为 v，在 $2t$ 秒时这个粒子的总位移是多少？

输入

输入的每行给出两个整数。每行构成一个测试用例，这两个整数表示 v（$-100 \leqslant v \leqslant 100$）和 t（$0 \leqslant t \leqslant 200$）的值（$t$ 表示粒子在 t 秒时的速度为 v）。

输出

对于输入的每行，在一行中输出一个整数，为在 $2t$ 秒时这个粒子的总位移。

样例输入	样例输出
0 0	0
5 12	120

试题来源：BUET/UVA Oriental (WF Warmup) Contest 1

在线测试：UVA 10071

试题解析

粒子的加速度恒定，输入 v 和 t，其中 v 是在时间点 t 粒子的速度，求在时间点 $2t$ 粒子的位移。

本题涉及高中物理知识，分析如下。设粒子的初速度为 v_0，加速度为 a，则在时间点 t，粒子的速度 $v=v_0+at$。根据位移公式 $s=v_0t+\dfrac{1}{2}at^2$，其中 s 是位移，v_0 是初速度，a 是加速度，在时间点 $2t$ 粒子的位移 $s=2v_0t+\dfrac{1}{2}a(2t)^2=2v_0t+2at^2=2t(v_0+at)=2vt$。

所以，本题循环输入 v 和 t，计算 $2vt$，并输出。

参考程序

```c
#include <stdio.h>
int main(void)
{
    int v, t;
    while(scanf("%d%d", &v, &t) !=EOF)
        printf("%d\n",2 * v * t);
    return 0;
}
```

实验【2.2.2　Can You Solve It? 】给出 for 语句实验。

【2.2.2　Can You Solve It? 】

请参见图 2.2-1。在这张图中，每个圆点都有一个笛卡儿坐标系的坐标。可以沿着由箭头所表示的路径从一个圆点到另一个圆点。从一个源点到一个目标点，所需要走的总步数 = 路径通过的中间点的数目 +1。

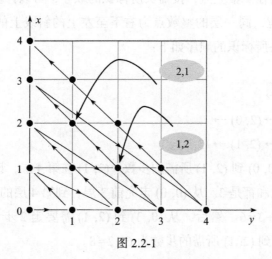

图 2.2-1

如图 2.2-1 所示，要从 (0, 3) 到 (3, 0)，就必须通过两个中间点 (1, 2) 和 (2, 1)。所以，在这种情况下，所需要走的总步数是 2+1=3。本题要求计算从一个给定的源点到一个给定的目标点所需的步数。本题设定，对于所有的箭头，不能走相反的方向。

输入

输入的第一行给出要处理的测试用例数 n（$0 < n \leqslant 500$）。接下来的 n 行每行给出 4 个整数（$0 \leqslant$ 每个整数 $\leqslant 100\,000$），第一对整数表示源点的坐标，另一对整数表示目标点的坐标。坐标以 (x, y) 形式列出。

输出

对于每个测试用例，程序先输出测试用例编号，然后输出从源点到目标点所需的步数。本题设定可以从源点到达目标点。

样例输入	样例输出
3	Case 1: 1
0 0 0 1	Case 2: 2
0 0 1 0	Case 3: 3
0 0 0 2	

试题来源：The FOUNDATION Programming Contest 2004
在线测试：UVA 10642

试题解析

本题给定二维平面上整数点的坐标，并用如图 2.2-1 所示的箭头的路径将这些整数点连接起来；给出两个二维平面坐标点，计算从源点到目标点所需的步数。

对二维平面上的任一整数点，按箭头所标识的顺序，可以计算出 (0, 0) 到该点所需的步数。根据题意，同一层的整数点为右下至左上的斜线上的整数点，前 4 层的整数点的坐标按箭头所标识的顺序如下：

$(0, 0) \rightarrow$

$(0, 1) \rightarrow (1, 0) \rightarrow$

$(0, 2) \rightarrow (1, 1) \rightarrow (2, 0) \rightarrow$

$(0, 3) \rightarrow (1, 2) \rightarrow (2, 1) \rightarrow (3, 0)$

例如，要计算 (0, 0) 到 (2, 1) 所需的步数，(2, 1) 在第 4 层，该层的每一个整数点的 x 坐标和 y 坐标之和都是 3。从 (0, 0) 走完前 3 层，到第 4 层的第一个坐标点 (0, 3) 所需的步数是 1+2+3=6。然后，从 (0, 3) 到 (2, 1) 需要走 2 步，恰好为 (2, 1) 的 x 坐标值。所以 (0, 0) 到 (2, 1) 所需的步数为 6+2=8。

由上述实例，可以推出计算从 $(0, 0)$ 到 (x, y) 所需步数的公式为：$[1+2+3+\cdots+(x+y)]+x=(x+y+1)\times(x+y)/2+x$。

所以，对每个测试用例，先计算 $(0, 0)$ 到源点所需的步数，以及原点 $(0, 0)$ 到目标点所需的步数，然后，后者减去前者，即为源点到目标点所需的步数。

根据测试用例数，用 for 循环处理每个测试用例。

参考程序

```
#include <bits/stdc++.h>
using namespace std;
int main()
{
    int n;                                   //n：测试用例数目
    scanf("%d", &n);
    for(int k=1; k <=n; k++) {
        int x1, y1, x2, y2;                  //源点和目标点的坐标
        scanf("%d%d%d%d", &y1, &x1, &y2, &x2);
        int t1=(x1 + y1) * (x1 + y1 + 1) / 2 + y1;
        int t2=(x2 + y2) * (x2 + y2 + 1) / 2 + y2;
        printf("Case %d: %d\n", k, t2 - t1); //输出源点到目标点所需的步数
    }
    return 0;
}
```

循环语句可以嵌套，【2.2.3　Gold Coins】和【2.2.4　The Hotel with Infinite Rooms】给出循环嵌套的实验。

【2.2.3　Gold Coins】

国王要给他的忠诚骑士支付金币。在他服务的第一天，骑士将获得一枚金币。在接下来的两天的每一天（服务的第二和第三天），骑士将获得 2 枚金币。在接下来的 3 天的每一天（服务的第四、第五和第六天），骑士将获得 3 枚金币。在接下来的 4 天的每一天（服务的第七、第八、第九和第十天），骑士将获得 4 枚金币。这种支付模式将无限期地继续下去：在连续 N 天的每一天获得 N 枚金币之后，在下一个连续的 $N+1$ 天的每一天，骑士将获得 $N+1$ 枚金币，其中 N 是任意的正整数。

请编写程序，在给定天数的情况下，求出国王要支付给骑士的金币的总数（从第一天开始计算）。

输入

输入至少一行，至多 21 行。每行给出问题的一个测试数据，即一个整数（范围为 1 ～ 10 000）表示天数。一行给出 0 表示输入结束。

输出

对于输入中给出的每个测试用例，输出一行。每行先给出在输入中给出的天数，后面是一个空格，然后是在这些天数中，从第一天开始计算总共要支付给骑士的金币数。

样例输入	样例输出
10	10 30
6	6 14
7	7 18
11	11 35
15	15 55
16	16 61
100	100 945
10000	10000 942820
1000	1000 29820
21	21 91
22	22 98
0	

试题来源：ACM Rocky Mountain 2004

在线测试：POJ 2000，ZOJ 2345，UVA 3045

试题解析

设 n 为总天数，这 n 天可以分成若干连续的时间段，第 i 个时间段为 i 天，每天奖励 i 个金币，则在这 i 天内共奖励 $i \times i$ 个金币。设 ans 为奖励的金币总数，m 为当前天数。

本题的参考程序为两重循环。

1）外循环，每次循环处理一个测试用例，直到循环结束标志 0 被输入。

2）内循环，每次循环处理一个时间段，累计当前时间段内奖励的金币数，直到当前天数加当前时间段的天数超过 n。

最后得出的 ans 即为国王 n 天里奖励的金币总数。

参考程序

```
#include <iostream>
using namespace std;
int main()
{
```

```
    int i, n, m, ans;
    while (cin >> n, n)                      // 外循环
    {
        ans=m=0;
        for (i=1; m + i <=n; m +=i++)        // 内循环
            ans +=i * i;
        ans +=(n - m) * i;
        cout << n << " " << ans << endl;
    }
    return 0;
}
```

【2.2.4 The Hotel with Infinite Rooms 】

HaluaRuti 市有一家奇怪的宾馆，它有无穷多个房间。来这家宾馆的旅游团要遵循以下规则：

1）在同一时刻，只有一个旅游团的成员可以租用宾馆。

2）每个旅游团在入住的当天早上到达宾馆，并在退房的当天晚上离开宾馆。

3）在前一个旅游团离开宾馆后，另一个旅游团在第二天早上到达宾馆。

4）下一个旅游团会比前一个旅游团多 1 人，第一个旅游团除外，本题将给出第一个旅游团的人数。

5）一个有 n 个成员的旅游团在宾馆住 n 天。例如，如果一个有 4 人的旅游团在 8 月 1 日上午来宾馆，就要在 8 月 4 日晚上离开宾馆，下一个有 5 人的旅游团在 8 月 5 日上午来，并在宾馆住 5 天，以此类推。

给出第一个到达宾馆的旅游团人数，请计算在给定的日期入住宾馆的旅游团人数。

输入

输入的每行给出整数 S（$1 \leqslant S \leqslant 10\,000$）和 D（$1 \leqslant D < 10^{15}$）。S 表示最初第一个到达宾馆的旅游团人数，D 表示在第 D 天（从 1 开始）入住宾馆的旅游团的人数。所有的输入和输出整数都将小于 10^{15}。一个人数为 S 的旅游团是指在第一天，一个 S 人的旅游团来到宾馆并入住 S 天，然后，根据前面描述的规则，一个 $S+1$ 人的旅游团来到宾馆，并入住 $S+1$ 天，以此类推。

输出

对于每一行输入，在一行中输出在第 D 天入住宾馆的人数。

样例输入	样例输出
1 6	3
3 10	5
3 14	6

试题来源：2001 Regionals Warmup Contest

在线测试：UVA 10170

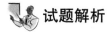 **试题解析**

根据题意，累加当前旅游团入住的天数，直接计算第 *D* 天入住宾馆的人数。根据数据范围（10^{15}），整数变量使用 long long int 类型。

参考程序

```
#include <bits/stdc++.h>
using namespace std;
int main(){
    long long int n,d;
    while(cin>>n>>d){           // 输入测试用例
        long long int day=1;    // 初始化
        while(day<=d){
            day+=n;             // 累加当前旅游团入住的天数
            n++;                // 下一个旅游团人数
        }
        cout<<n-1<<endl;        // 输出第 D 天入住宾馆的人数
    }
    return 0;
}
```

2.3 嵌套结构

在程序设计中，稍微复杂一些的问题求解会用到嵌套结构，选择结构、循环结构都可以互相嵌套。

本节给出嵌套求解的实验。【2.3.1 Hashmat the Brave Warrior】给出循环语句嵌套选择语句的实验。

【2.3.1 Hashmat the Brave Warrior】

Hashmat 是一个勇敢的战士，他和一群年轻的士兵要从一个地方到另一个地方同敌人进行战斗。在战斗之前，他要计算他的士兵人数和敌方士兵人数的差，由此决定是否和敌人作战。Hashmat 的士兵人数不会超过敌方士兵人数。

输入

输入的每行给出两个数字。这两个数字表示 Hashmat 的士兵人数和敌方的士兵人数，或者反之。输入数字不大于 2^{32}。输入以 "End of File" 终止。

输出

对于每行输入，输出 Hashmat 的士兵人数和敌方的士兵人数的差。每个输出单独一行。

样例输入	样例输出
10 12	2
10 14	4
100 200	100

试题来源：Bangladesh 2001 Programming Contest
在线测试：UVA 10055

试题解析

本题要求计算 Hashmat 的士兵人数和敌方的士兵人数的差的绝对值，并输出。

本题以嵌套结构求解：每次循环输入并处理一个测试用例，在循环体内用 if else 结构计算差的绝对值。

对于本题，要注意以下两点：

1）本题给出的输入数据的范围和规模。输入的数字不大于 2^{32}，因此需要选用 long long int 作为输入数据的类型（8 字节）。

2）对于每个测试用例给出的两个数字，前面的数字不一定是 Hashmat 的士兵人数，需要对输入的两个数字的大小进行判断，否则结果可能出现负值。

参考程序

```
#include <stdio.h>
int main()
{
        long long int a, b;
        while(scanf("%lld %lld", &a, &b) !=EOF)        //输入测试用例，以 "End of
                                                        //File" 终止
                if(b > a)                               //计算差的绝对值
                        printf("%lld\n", b - a);
                else
                        printf("%lld\n", a - b);
        return 0;
}
```

如果在一个循环体中还有一个完整的循环结构，则外层循环称为外循环，而内层循环称为内循环。

【2.3.2 Primary Arithmetic】和【2.3.3 Xu Xiake in Henan Province】是两层循环嵌套实验，不仅有循环嵌套，而且循环语句中还包含选择语句。

【2.3.2 Primary Arithmetic】

小学生学习算术的多位数加法运算时，被教导对两个加数从右向左、每次相同位的两个数字相加。对于小学生，"进位"运算是一个很大的挑战，要把一个 1 从当前位加到下一位。给出一组加法题，请计算每个加法题的进位运算的次数，以便教育主管评估这些题目的难度。

输入

输入的每一行给出两个不超过 10 位数字的无符号整数。输入的最后一行给出 0 0。

输出

对于除最后一行以外的每一行的输入，计算并输出两个数字相加产生的进位运算的次数，格式如样例输出所示。

样例输入	样例输出
123 456	No carry operation.
555 555	3 carry operations.
123 594	1 carry operation.
0 0	

试题来源：ACM-ICPC SWERC 2000 Warm-Up

在线测试：UVA 10035

 试题解析

本题要求计算两个数相加，有多少次的进位运算。

本题程序模拟加法过程即可，外循环每次输入和处理一个测试用例，在循环体内，嵌套的内循环实现按位相加，并统计进位次数，嵌套的选择结构输出进位运算次数。根据输入给出的数据范围，相加数的类型为 int。

本题在编程过程中要注意：

1）当前进位有可能导致下一位数相加的进位，例如，999+1，因此，如果有进位，则把进位 1 向前加入下一位数的相加。

2）注意进位运算次数的单复数，如果是复数，则相应单词应该是"operations"。

参考程序

```
#include <stdio.h>
```

```
int main()
{
    int a, b;                              // 加法题的两个相加数
    while (scanf("%d%d",&a,&b)==2){        // 外循环: 输入当前的两个相加数
        if (!a && !b) return 0;            // 两个相加数为 0, 则程序结束
        int c=0, ans=0;                    // c 为当前位相加的进位; ans 为进位运算次数
        for (int i=9; i >=0; i--) {        // 内循环: 按位相加
            c=(a%10 + b%10 + c) > 9 ? 1 : 0; // 判断当前位相加有无进位
            ans +=c;                       // 累计进位运算次数
            a /=10; b /=10;                // 准备下一位的相加
        }
        // 输出进位运算次数
        if(ans==0){                        // 没有进位运算
            printf("No carry operation.\n");
        }
        else if(ans==1){                   // 1 次进位运算
            printf("%d carry operation.\n", ans);
        }
        else{                              // 进位运算次数多于 1
            printf("%d carry operations.\n", ans);
        }
    }
    return 0;
}
```

【2.3.3 Xu Xiake in Henan Province 】

少林寺是一个佛教寺庙,位于河南省登封市。少林寺始建于公元 5 世纪,至今仍是少林派的主要寺庙。

龙门石窟是关于中国佛教艺术的景点,位于洛阳以南 12 公里(约 7.5 英里)处,其中有数以万计的佛陀和其弟子们的雕像。

据史料记载,白马寺是中国第一座佛教寺庙,由汉明帝于公元 68 年建造,位于东汉都城洛阳。

云台山位于河南省焦作市修武县。云台山世界地质公园景区被列为 AAAAA 级旅游景区。云台瀑布位于云台山世界地质公园内,高 314 米,号称中国最高的瀑布。

这些都是河南省著名的旅游景点。

现在要根据旅行者到过的景点的数量,评定旅行者的级别。

- 一个旅行者游览了上面提到的 0 个景点,那么他就是 "Typically Otaku"。
- 一个旅行者游览了上面提到的 1 个景点,那么他就是 "Eye-opener"。
- 一个旅行者游览了上面提到的 2 个景点,那么他就是 "Young Traveller"。
- 一个旅行者游览了上面提到的 3 个景点,那么他就是 "Excellent Traveller"。

● 一个旅行者游览了上面提到的 4 个景点，那么他就是"Contemporary Xu Xiake"。

请评定给出的旅行者的级别。

输入

输入给出多个测试用例。输入的第一行给出一个正整数 t，表示最多 10^4 个测试用例的数量。每个测试用例一行，给出 4 个整数 A_1、A_2、A_3 和 A_4，其中 A_i 是旅行者游览第 i 个景点的次数，$0 \leqslant A_1$，A_2，A_3，$A_4 \leqslant 100$。如果 A_i 是 0，则表示这位旅行者从来没有去过第 i 个景点。

输出

对于每个测试用例，输出一行，给出一个字符串，表示相应的旅行者的级别，这些字符串是"Typically Otaku""Eye-opener""Young Traveller""Excellent Traveller"和"Contemporary Xu Xiake"（不加引号）之一。

样例输入	样例输出
5	Typically Otaku
0 0 0 0	Eye-opener
0 0 0 1	Young Traveller
1 1 0 0	Excellent Traveller
2 1 1 0	Contemporary Xu Xiake
1 2 3 4	

试题来源：2018-2019 ACM-ICPC Asia Jiaozuo Regional Contest
在线测试：Jisuanke A2199，Gym 102028A

📋 试题解析

本题要求对于每个测试用例，记录旅行者到达多少个不同的景点，然后根据他到过景点的数量进行判断，输出判断的结果。

所以，本题根据测试用例数，外循环每次输入并处理一个测试用例。在输入一个测试用例时，内循环统计旅行者到过的景点数；然后，根据到过的景点数，或者以多分支 if else 选择结构，或者以 switch 选择结构，评定旅行者的级别。

💻 参考程序 1（多分支 if else 选择结构）

```c
#include<stdio.h>
int main()
{
```

```
    int t;
    scanf ("%d",&t);                      // 输入测试用例数
    for (int i=1;i<=t;i++)                // 外循环：每次循环处理一个测试用例
    {
        int cnt=0,x;                      // cnt 为到过的景点数
        for (int j=1;j<=4;j++)            // 内循环：输入测试用例，并统计到过的景点数
        {
            scanf ("%d",&x);
            if (x!=0) cnt++;              // 统计一共去过几个景点
        }
        if (cnt==0)                       // if else 选择结构，评定旅行者的级别
            printf ("Typically Otaku\n");
        else if (cnt==1)
            printf ("Eye-opener\n");
        else if(cnt==2)
            printf ("Young Traveller\n");
        else if (cnt==3)
            printf ("Excellent Traveller\n");
        else printf ("Contemporary Xu Xiake\n");
    }
    return 0;
}
```

参考程序 2（switch 选择结构）

```
#include<stdio.h>
int main()
{
    int t;
    scanf ("%d",&t);
    for (int i=1; i<=t; i++)              // 外循环：每次循环处理一个测试用例
    {
    int cnt=0,x;
    for (int j=1; j<=4; j++)              // 内循环：输入测试用例，并统计到过的景点数
    {
        scanf ("%d",&x);
        if(x!=0) cnt++;
    }
    switch(cnt)                           // switch 选择结构，评定旅行者的级别
        {
        case 0: printf ("Typically Otaku\n");break;
        case 1: printf ("Eye-opener\n");break;
        case 2: printf ("Young Traveller\n");break;
        case 3: printf ("Excellent Traveller\n");break;
        default: printf ("Contemporary Xu Xiake\n");
        }
    }
    return 0;
}
```

如果内循环中还有一个完整的循环结构，则构成多重循环嵌套。【2.3.4 The $3n+1$ problem 】就是一个三层循环嵌套的实验。

【2.3.4 The $3n+1$ problem 】

计算机科学的问题通常被列为属于某一特定类的问题（如 NP、不可解、递归）。这个问题是请你分析算法的一个特性：算法的分类对所有可能的输入是未知的。

考虑下述算法：

```
1. input n
2. print n
3. if n=1 then STOP
4. if n is odd then n<-- 3n+1
5. else n<-- n/2
6. GOTO 2
```

输入 22，则打印输出数字序列：22 11 34 17 52 26 13 40 20 10 5 16 8 4 2 1。

人们推想，对于任何完整的输入值，上述算法将终止（当 1 被打印时）。尽管这一算法很简单，但还不清楚这一猜想是否正确。然而，目前已经验证，对所有的整数 n（$0<n<1\,000\,000$），该命题正确。

给定一个输入 n，在 1 被打印前可以确定被打印数字的个数，这样的个数被称为 n 的循环长度。在上述例子中，22 的循环长度是 16。

对于任意两个整数 i 和 j，请你计算在 i 和 j 之间的整数中循环长度的最大值。

输入

输入是由整数 i 和 j 组成的整数对序列，每对一行，所有整数都小于 10 000 大于 0。

输出

对输入的每对整数 i 和 j，请输出 i、j，以及在 i 和 j 之间（包括 i 和 j）的所有整数中循环长度的最大值。这三个数字在一行输出，彼此间至少用一个空格分开。在输出中，i 和 j 按输入的次序出现，然后是最大的循环长度（在同一行中）。

样例输入	样例输出
1 10	1 10 20
100 200	100 200 125
201 210	201 210 89
900 1000	900 1000 174

试题来源：Duke Internet Programming Contest 1990

在线测试：POJ 1207，UVA 100

试题解析

本题是一道经典的直叙式模拟题，根据试题描述给出的规则编写程序。在本题的试题描述中，给出了整数循环的计算步骤。

解答程序的外循环，每次循环处理一个测试用例。

对于一个测试用例，若输入的整数对为 a 和 b，则给定的整数区间为 $[\min(a, b)$, $\max(a, b)]$。设置两重循环：

1）外循环：枚举区间内的每个整数 n（for($n=\min(a, b)$; $n<=\max(a, b)$; $n++$)）；

2）内循环：计算出 n 的循环长度 i（for($i=1$, $m=n$; $m>1$; $i++$) if (m % 2==0) $m/=2$; else $m=3*m+1$）。

显然，在 $[\min(a, b)$，$\max(a, b)]$ 内所有整数的循环长度的最大值即为问题解。

参考程序

```cpp
#include <iostream>
using namespace std;
int main()
{
    int i, a, b, c, d, ans, n, m;
    while (cin >> a >> b)                       //输入测试用例：整数对a和b
    {
        ans=0;
        c=min(a, b);
        d=max(a, b);
        for (n=c; n <=d; n++)                   //外循环：枚举区间 [min(a,b),
                                                //max(a,b)] 内的每个n
        {
            for (i=1, m=n; m > 1; i++)          //内循环：计算出 n 的循环长度 i
            {
                if (m % 2==0)
                    m /=2;
                else m=3 * m + 1;
            }
            if (i > ans) ans=i;                 //调整循环长度
        }
        cout << a << " " << b << " " << ans << endl;//输出结果
    }
    return 0;
}
```

2.4 数组

数组是存储于一个连续存储空间中且具有相同数据类型的数据元素的集合。在数组中，数据元素的下标间接反映了数据元素的存储地址，在数组中存取一个数据元素只要通过下标计算它的存储地址即可。

2.4.1 数组的特点

作为一种数据结构，数组有 3 个特点：有限，在一个数组中，能存储的数据元素的数目是有限的；有序，在一个数组中，数据元素是一个接一个地连续存储的；每个数据元素的类型是相同的。

根据数组的特点，对于数组的输入和处理，往往是通过循环语句，一个接一个地输入数据元素，一个接一个地按序处理。

【2.4.1.1 The Decoder】

请你编写一个程序，将一个字符组成的集合准确地解码为一条有效的消息。你的程序要读取一个经过简单编码的字符集组成的文件，并输出这些字符所包含的确切信息。这种简单编码是对 ASCII 字符集中可打印部分的字符进行单一的算术操作，一对一地进行字符替换。

你的程序要输入采用相同编码方案的所有字符集，并输出每组字符集的实际消息。

输入

例如，输入文件为：

1JKJ'pz'{ol'{yhklthyr'vm'{ol'Jvu{yvs'Kh{h'Jvywvyh{pvu5

1PIT'pz'h'{yhklthyr'vm'{ol'Pu{lyuh{pvuhs'I|zpulzz'Thjopul'Jvywvyh{pvu5

1KLJ'pz'{ol'{yhklthyr'vm'{ol'Kpnp{hs'Lx|pwtlu{'Jvywvyh{pvu5

输出

你的程序要输出如下信息：

*CDC is the trademark of the Control Data Corporation.

*IBM is a trademark of the International Business Machine Corporation.

*DEC is the trademark of the Digital Equipment Corporation.

样例输入	样例输出
1JKJ'pz'{ol'{yhklthyr'vm'{ol'Jvu{yvs'Kh{h'Jvywvyh{ pvu5 1PIT'pz'h'{yhklthyr'vm'{ol'Pu{lyuh{pvuhs'I|zpulzz' Thjopul'Jvywvyh{pvu5 1KLJ'pz'{ol'{yhklthyr'vm'{ol'Kpnp{hs'Lx|pwtlu{'Jvy- wvyh{pvu5	*CDC is the trademark of the Control Data Corporation. *IBM is a trademark of the International Business Machine Corporation. *DEC is the trademark of the Digital Equipment Corporation.

试题来源：ODU ACM Programming Contest 1992
在线测试：UVA 458

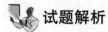
试题解析

　　基于 ASCII 码表比较输入和输出字符，得出编码方案：输入字符的 ASCII
码 −7 = 输出字符的 ASCII 码。或者，根据第一个字符，得出编码方案：输入字符的
ASCII 码 +'*'−'1' = 输出字符的 ASCII 码。

　　输入文件以字符串为单位，每次输入一个字符串；对字符串中的字符减 7，或者
输入字符的 ASCII 码 +'*'−'1'，然后输出。

　　函数 strlen 用来求字符串的长度，在 C 中使用 strlen，就要加"#include<string.h>"。

参考程序

```c
#include <stdio.h>
#include <string.h>
char string[10005];
int main()
{
    while ( scanf("%s",&string) !=EOF ) {    // 输入字符串，直到文件结束
        int len=strlen(string);              // 字符串长度为 len
        for ( int i=0 ; i < len ; ++ i )     // 根据编码方案，将输入字符转化为输出字符
            printf("%c",string[i]+'*'-'1');
        printf("\n");                        // 字符串结束，换行
    }
    return 0;
}
```

【2.4.1.2　Above Average 】
　　据说 90% 的同学希望成绩高于班级平均成绩。请你提供一个检查方法。
　　输入
　　输入的第一行给出一个整数 C，表示测试用例的数量。然后给出 C 个测试用
例。每个测试用例首先给出一个整数 N，表示班级中的人数（ $1 \leqslant N \leqslant 1000$ ）。后面给
出 N 个用空格或换行符隔开的整数，每一个整数表示该班上的一个学生的最终成绩
（ $0 \sim 100$ 之间的整数）。
　　输出
　　对于每个测试用例，输出一行，给出成绩高于平均成绩的学生的百分比，四舍

五入到小数点后 3 位。

样例输入	样例输出
5	40.000%
5 50 50 70 80 100	57.143%
7 100 95 90 80 70 60 50	33.333%
3 70 90 80	66.667%
3 70 90 81	55.556%
9 100 99 98 97 96 95 94 93 91	

试题来源：Waterloo local 2002.09.28

在线测试：POJ 2350，UVA 10370

试题解析

给出一个班级的学生成绩，计算成绩高于平均成绩的学生的百分比，四舍五入到小数点后 3 位。

一个班级的学生成绩存储在整数数组 grade 中，在输入学生成绩时，累计总分；然后，计算平均成绩，平均成绩为浮点数；接下来，计算高于平均成绩的人数；最后，统计高于平均成绩的学生所占的百分比。

参考程序

```cpp
#include <iostream>
using namespace std;
int main()
{
    int C, N, tot_gra, abo_c, grade[1000];
    float average, perc;
    int i;
    cin >> C;                        //C：测试用例数
    while(C--)
    {
        cin >> N;                    //N：班级人数
        tot_gra=0;                   //班级总分为 tot_gra，初始化为 0
        for(i=0; i < N; i++)         //输入每个学生成绩，累计总分
        {
            cin >> grade[i];
            tot_gra +=grade[i];
        }
        average=tot_gra / N;         //计算平均成绩 average
        abo_c=0;                     //高于平均成绩的人数为 abo_c，初始化为 0
        for(i=0; i < N; i++)         //计算高于平均分的人数
            if(grade[i] > average)
```

```
            abo_c ++;
        perc=abo_c* 100.0 / N ;        // 计算高于平均成绩人数的百分比 perc
        printf("%0.3f%%\n", perc);
    }
    return 0;
}
```

【2.4.1.3 Summing Digits 】

对于正整数 n，设 $f(n)$ 是十进制数 n 的各位数的和。由此产生数列 $n, f(n), f(f(n))$, $f(f(f(n)))$, …，最终变成个位数。设该个位数是 $g(n)$。

例如，$n = 1234567892$，则 $f(n) = 1+2+3+4+5+6+7+8+9+2 = 47$，$f(f(n)) = 4+7 = 11$，$f(f(f(n))) = 1+1 = 2$，所以 $g(1234567892) = 2$。

输入

输入每行包含一个正整数 n，最多 2 000 000 000。输入以 $n = 0$ 结束，程序不用处理这一行。

输出

对于每个输入的整数，输出一行，给出 $g(n)$。

样例输入	样例输出
2	2
11	2
47	2
1234567892	2
0	

试题来源：2007 ACPC Alberta Collegiate Programming Contest
在线测试：UVA 11332

试题解析

本题输入整数按位以字符数组 temp 存储，字符数组的每个元素存储整数的一位数。

解题程序是一个三层循环，最外层的循环每次循环处理一个测试用例。对于每一个测试用例，如果当前数的各位数的和不是个位数，继续求各位数的和。

函数 strlen 用来求字符串的长度，在 C++ 中使用 strlen，就要加上 "#include <cstring>"。

参考程序

```
#include <iostream>
```

```
#include <cstring>
using namespace std;
int main()
{
    char temp[1005];                              // 输入整数以字符数组 temp 存储
    while ( cin >> temp ) {
        int sum=0,count;                          // sum：各位数的和
        int len=strlen(temp);                     // len：输入整数的位数
        if ( temp[0]=='0' && len==1 ) break;      // 输入为 0 的情况
        for ( int i=0 ; i < len ; ++ i )          // 将字符转换为相应的整数，逐位相加
            sum +=temp[i] - '0';
        while ( sum > 9 ) {                        // 各位数的和不是个位数，继续求各位
                                                   // 数的和

            count=0;
            while ( sum ) {
                count +=sum%10;
                sum /=10;
            }
            sum=count;
        }
        cout << sum << endl;                       // 输出结果
    }
    return 0;
}
```

2.4.2　离线计算

在处理多个测试用例的过程中，可能会遇到这样一种情况：数据量较大，所有测试用例都采用同一运算，并且数据范围已知。在这种情况下，为了提高计算时效，可以采用离线计算方法：预先计算出指定范围内的所有解，存入某个常量数组；以后每测试一个测试用例，直接从常量数组中引用相关数据就可以了。这样，就避免了重复运算。

【2.4.2.1　Square Numbers】和【2.4.2.2　Ugly Numbers】就是要采用离线计算的实验。

【2.4.2.1　Square Numbers】

平方数是这样一个整数，即其平方根也是整数，例如 1、4、81 是平方数。给出两个整数 a 和 b，请找出 a 和 b 之间（包括 a 和 b）有多少个平方数。

输入

输入最多有 201 行。每行给出两个整数 a 和 b（$0<a\leqslant b\leqslant 100\,000$）。输入以包含两个零的行结束。程序不用处理这一行。

输出

对于输入的每一行产生一行输出。这一行给出一个整数，它表示 a 和 b（包括 a 和 b）之间有多少个平方数。

样例输入	样例输出
1 4	2
1 10	3
0 0	

试题来源：A Malaysian Contest, 2008

在线测试：UVA 11461

试题解析

首先，根据题目给出的数据范围（$0 < a \leqslant b \leqslant 100\,000$），定义整数常量 $N = 10^5$，并定义前缀和数组 prefixsum，prefixsum[i] 定义为 [0, i] 区间内平方数的个数，$0 \leqslant i \leqslant N$。

然后，离线计算出在 [1, N] 范围内的 prefixsum。

最后，每输入一个测试用例 a 和 b，直接计算 a 和 b 之间有多少个平方数 prefixsum[b] − prefixsum[a − 1]。

参考程序

```cpp
#include <iostream>
using namespace std;
const int N=1e5;                        // 本题的数据范围
int prefixsum[N +1]={0};                // 前缀和数组元素 prefixsum[i] 定义为 [0, i]
                                        // 区间内平方数的个数

int main()
{
    for(int i=1, j=1; i <=N; i++)       // 离线计算前缀和数组元素 prefixsum[i]
        if(i==j * j) {
            prefixsum[i]=prefixsum[i - 1] + 1;
            j++;
        } else
            prefixsum[i]=prefixsum[i - 1];
    int a, b;                           // a 和 b 如本题描述
    while(~scanf("%d%d", &a, &b) && (a || b)) // 输入 a 和 b，每次循环处理一个测试用例
        printf("%d\n", prefixsum[b] - prefixsum[a - 1]); // a 和 b 之间有多少个
                                                          // 平方数

    return 0;
}
```

【2.4.2.2 Ugly Numbers】

丑陋数（Ugly Number）是仅有素因子 2、3 或 5 的整数。序列 1, 2, 3, 4, 5, 6, 8, 9, 10, 12, …给出了前 10 个丑陋数。按照惯例，1 被包含在丑陋数中。

给出整数 n，编写一个程序，输出第 n 个丑陋数。

输入

输入的每一行给出一个正整数 n（$n \leqslant 1500$）。输入以 $n=0$ 的一行结束。

输出

对于输入的每一行，输出第 n 个丑陋数，对 $n=0$ 的那一行不用处理。

样例输入	样例输出
1	1
2	2
9	10
0	

试题来源：New Zealand 1990 Division I

在线测试：POJ 1338，UVA 136

试题解析

丑陋数是仅有素因子 2、3 或 5 的整数。例如 6 和 8 都是丑陋数，但 14 不是丑陋数，因为 14 有素因子 7。也就是说，一个丑陋数分解成若干个素因子的乘积的形式为 $2^x \times 3^y \times 5^z$，其中 $x, y, z \geqslant 0$，而 1 是第一个丑陋数。

根据丑陋数的定义，丑陋数只能被 2、3 和 5 整除。也就是说，如果一个数能被 2 整除，就把它连续除以 2；如果能被 3 整除，就连续除以 3；如果能被 5 整除，就连续除以 5。如果最后得到商的是 1，那么这个数就是丑陋数；否则，就不是丑陋数。

本题给出一个正整数 n（$n \leqslant 1500$），要求输出第 n 个丑陋数。因此，我们采用离线求解的办法，先计算出前 1500 的丑陋数 $a[1..1500]$，然后，根据每一个测试数据 n，只要从数组 a 中直接取出 $a[n]$ 即可。

根据丑陋数的定义，除 1 以外，一个丑陋数是另一个丑陋数乘以 2、3 或 5 的结果。因为数组 a 是排好序的丑陋数，在数组 a 中的每一个丑陋数是前面的丑陋数乘以 2、3 或 5 得到的。所以，在产生丑陋数时，设置三个指针（数组下标）$p2$、$p3$ 和 $p5$，分别指向 2、3 和 5 待乘的数，相乘之后，取最小者作为下一个丑陋数加入数组 a，并且相应的指针加 1。

参考程序

```cpp
#include<iostream>
using namespace std;
int main(){
```

```
long long a[1501]={0,1};                              // 丑陋数数组 a 赋初值
int p2=1,p3=1,p5=1;                                   // 指针 p2、p3 和 p5 赋初值
for(int i=2;i<=1500;i++){
    a[i]=min(a[p2]*2,min(a[p3]*3,a[p5]*5));           // 下一个丑陋数
    if(a[i]==2*a[p2]) p2++;                           // 相应的指针加 1
    if(a[i]==3*a[p3]) p3++;
    if(a[i]==5*a[p5]) p5++;
}
int n;
while(cin>>n,n) cout<<a[n]<<endl;                     // 根据测试数据 n，输出 a[n]
return 0;
}
```

2.4.3 序列

【2.4.3.1 B2-Sequence 】

B2 序列是一个正整数 $1 \leqslant b_1 < b_2 < b_3 \cdots$ 的序列，所有数的两两之和 $b_i + b_j$（其中 $i \leqslant j$）都是不同的。请确定一个给出的序列是否是 B2 序列。

输入

每个测试用例首先给出 N（$2 \leqslant N \leqslant 100$），表示序列中元素的数量。在接下来的一行给出 N 个整数，表示序列中每个元素的值。每个元素 b_i 是一个整数，$b_i \leqslant 10\,000$。在每个测试用例后都有一个空行。输入以 EOF 结束。

输出

对于每个测试用例，输出测试用例的编号（从 1 开始），以及一条消息，表示相应的序列是否是 B2 序列。格式按下面给出的样例输出。在每个测试用例之后，输出一个空行。

样例输入	样例输出
4 1 2 4 8 4 3 7 10 14	Case #1: It is a B2-Sequence. Case #2: It is not a B2-Sequence.

试题来源：ACM ICPC:: UFRN Qualification Contest (Federal University of Rio Grande do Norte, Brazil)，2006

在线测试：UVA 11063

试题解析

输入的序列用数组 data 从下标 1 开始存储。在输入过程中如果 $b_{i-1} \geqslant b_i$，则序列不是 B2 序列；否则就判断所有数的两两之和 $b_i + b_j$，看它们是否相同。

定义数组 sum，大小为 b_i 的范围（$b_i \leqslant 10\ 000$）的两倍，初值为 0。枚举所有数的两两之和 $b_i + b_j$，sum$[b_i + b_j] = 1$。如果枚举到某一对 b_i 和 b_j，发现 sum$[b_i + b_j]$ 已经为 1，则该序列不是 B2 序列；否则该序列为 B2 序列。

参考程序

```cpp
#include <iostream>
using namespace std;
int main()
{
    int data[101]={ 0 },  n, T=1;
    while (~scanf("%d",&n)) {
        int b2=0;
        for (int i=1 ; i <=n ; ++ i) {
            scanf("%d", &data[i]);
            if (data[i]<=data[i-1]) b2=1;
        }
        int sum[20001]={ 0 };
        if (b2==0)
            for (int i=1 ; i <=n ; ++ i)        // 枚举所有数的两两之和 b_i+b_j
                for (int j=i ; j <=n ; ++ j) {
                    if (sum[data[i]+data[j]] !=0) b2=1;
                    sum[data[i]+data[j]]=1;
                }
        if (!b2)
            printf("Case #%d: It is a B2-Sequence.\n\n",T ++);
        else
            printf("Case #%d: It is not a B2-Sequence.\n\n",T ++);
    }
    return 0;
}
```

【 2.4.3.2 Jill Rides Again 】

Jill 喜欢骑自行车，自从她居住的美丽的城市 Greenhills 快速发展之后，Jill 就经常利用良好的公共汽车系统完成部分的旅行。她有一辆折叠式自行车，在她乘公共汽车进行第一段的旅行时，她会随身携带。当公共汽车到达城市中某个令人愉快的地方时，Jill 就下车骑自行车。她沿着公共汽车路线骑行，直到到达目的地，或者她来到一个城市里她不喜欢的地方。在后一种情况下，她将登上公共汽车结束旅行。

根据多年的经验，Jill 对每一条道路进行了"良好性"的评分，分数为整数。正的"良好"值表示 Jill 喜欢的道路；负值则表示她不喜欢的道路。Jill 要计划在哪里下公共汽车并开始骑自行车，以及在哪里停下自行车并重新上公共汽车，使得她骑自行车经过的道路的良好值之和最大。这也意味着她有时会沿着一条她不喜欢的路骑自行车，前提是这条路连接了她的旅程的另外两个部分，她喜欢的道路能够足以补偿她不喜欢的道路。如果一条路线的任何一部分都不适合骑自行车，则在整条路线上 Jill 都会坐公共汽车；相反，如果一条路线都很好，则 Jill 就根本不会坐公共汽车。

有许多不同的公共汽车路线，在每一条路线上都有若干个车站，Jill 可以在那里下公共汽车或上公共汽车。她要求计算机程序帮助她确定每一条公共汽车路线上最适合骑车的部分。

输入

输入给出多条公交线路的信息。输入的第一行给出一个整数 b，表示输入中路线的数目。每条路线的标识 r 是输入中的序列号，$1 \leqslant r \leqslant b$。对于每条路线，首先给出路线上的站点数整数 $s(2 \leqslant s \leqslant 20\,000)$，在站点数后面给出 $s-1$ 行，第 i 行（$1 \leqslant i < s$）给出一个整数 n_i，表示 Jill 对第 i 站和第 $i+1$ 站两个站点之间道路的良好性评分。

输出

对于输入中的每条路线 r，你的程序给出起点公交车站 i 和终点公交车站 j，它们给出良好值总和 $m = n_i + n_{i+1} + \cdots + n_{j-1}$ 最大的路线段。如果有多个路线段的良好值总和最大，则选择经过站点最多的路线段，即 $j-i$ 的值最大。如果还有多个解，则选择 i 值小的路线段。对于输入中的每条路线 r，按以下格式输出一行：

The nicest part of route r is between stops i and j

但是，如果良好值总和不是正数，则程序输出：

Route r has no nice parts

样例输入	样例输出
3	The nicest part of route 1 is between stops 2 and 3
3	The nicest part of route 2 is between stops 3 and 9
−1	Route 3 has no nice parts
6	
10	
4	
−5	
4	
−3	
4	
4	
−4	
4	
−5	
4	
−2	
−3	
−4	

试题来源： ACM-ICPC World Finals 1997

在线测试： UVA 507

试题解析

本题求最大子序列和，即给出一个整数数组 nums，要找到一个具有最大和的连续子数组（子数组最少包含一个元素），并返回其最大和。例如，整数数组为 $[-2, 1, -3, 4, -1, 2, 1, -5, 4]$，具有最大和的连续子数组为 $[4, -1, 2, 1]$，和为 6。

对于整数数组 nums，用数组 $d[i]$ 来保存当前连续子数组的最大和：循环遍历每个数，$d[i] = d[i-1] >= 0? \ d[i-1] + nums[i] : nums[i]$。

以上述实例数组 $[-2, 1, -3, 4, -1, 2, 1, -5, 4]$ 为例，为方便说明，i 从 1 开始。

初始化，子序列 $[-2]$，$d[1] = -2$；

子序列 $[-2, 1]$，$d[2] = 1$；

子序列 $[-2, 1, -3]$，$d[3] = 1 - 3 = -2$；

子序列 $[-2, 1, -3, 4]$，$d[4] = 4$；

子序列 $[-2, 1, -3, 4, -1]$，$d[5] = 3$；

子序列 $[-2, 1, -3, 4, -1, 2]$，$d[6] = 5$；

子序列 $[-2, 1, -3, 4, -1, 2, 1]$，$d[7] = 6$；

子序列 $[-2, 1, -3, 4, -1, 2, 1, -5]$，$d[8] = 1$；

子序列 $[-2, 1, -3, 4, -1, 2, 1, -5, 4]$，$d[9] = 5$。

然后，遍历数组 d 中最大的数即可。

本题求一个序列中最大子序列和，基于上述讨论，算法如下。

初始化结果 ans = 0，累加 0 到 $n-1$ 个元素，每一步得到一个和 sum；如果某一步中 sum > ans，则更新 ans，如果 sum < 0，则重置 sum 为 0；最终 ans 中储存的即最大子序列和。

本题还要记录最大子序列的起点和终点，如果有多个解，则选择站点较多的解。

参考程序

```cpp
#include <iostream>
using namespace std;
int n[20010];                          // Jill 对道路的良好性的评分
int main()
{
    int TC, r, cot=1;                  // TC 为输入中路线的数目，r 为路线上的站点数
```

```
scanf("%d", &TC);
while(TC--)                                         //每次循环处理一条路线
{
    scanf("%d", &r);                                //输入站点数
    int ans=0, sum=0, r1=1, r2=0, ans_r1=1, ans_r2=0;
    for(int i=1; i < r; i++) scanf("%d", &n[i]);    //道路的良好性的评分
    for(int i=1; i < r; i++)                        //解题分析所述
    {
        sum +=n[i]; r2=i + 1;
        if(sum < 0) { r1=i + 1; sum=0; }
        else if(sum > ans || (sum==ans && r2 - r1 > ans_r2 - ans_r1))
        { ans=sum; ans_r2=r2; ans_r1=r1; }
    }
    if(ans > 0) printf("The nicest part of route %d is between stops %d
        and %d\n", cot++, ans_r1, ans_r2);
    else printf("Route %d has no nice parts\n", cot++);
}
}
```

2.5　二维数组

二维数组是以数组作为数组元素的数组，或者说是"数组的数组"。二维数组定义的一般形式为：类型说明符 数组名 [常量表达式][常量表达式]。例如，int a[3][4] 表示一个由 3 行 4 列的整数组成的二维数组。

在 C/C++ 中，二维数组中元素排列的顺序是按行存放的，也就是说，在内存中先顺序存放第一行的元素，再存放第二行的元素，以此类推。

【 2.5.1　Pascal Library 】

Pascal 大学是国家最古老的大学之一。Pascal 大学要翻新图书馆大楼，因为经历了几个世纪后，图书馆开始出现无法承受馆藏的巨大数量的书籍重量的迹象。

为了帮助重建，大学校友会决定举办一系列的筹款晚宴，邀请所有的校友参加。在过去几年举办了几次筹款晚宴，这样的做法已经被证明是非常成功的。成功的原因之一是经过 Pascal 教育体系的学生对他们的学生时代有着美好的回忆，并希望看到一个重修后的 Pascal 图书馆。

组织者保留了电子表格，表明每一场晚宴有哪些校友参加。现在，他们希望你帮助他们确定是否有校友参加了所有的晚宴。

输入

输入包含若干测试用例。一个测试用例的第一行给出两个整数 n 和 d（$1 \leqslant n \leqslant 100$，$1 \leqslant d \leqslant 500$），分别给出校友的数目和组织晚宴的场数。校友编号从 1 到 n。后面的 d 行每行表示一场晚宴的参加情况，给出 n 个整数 x_i，如果校友 i 参加了晚宴，则

$x_i = 1$，否则 $x_i = 0$。用 $n = d = 0$ 作为输入结束。

输出

对于输入中的每个测试用例，你的程序产生一行，如果至少有一个校友参加了所有的晚宴，则输出"yes"，否则输出"no"。

样例输入	样例输出
3 3	yes
1 1 1	no
0 1 1	
1 1 1	
7 2	
1 0 1 0 1 0 1	
0 1 0 1 0 1 0	
0 0	

试题来源：ACM South America 2005

在线测试：POJ 2864, UVA 3470

试题解析

校友出席筹款晚宴的情况用二维数组 att 表示，其中 att[i][j] 表示在第 $i-1$ 场筹款晚宴上第 $j-1$ 个校友是否出席，att[i][j]=1 表示出席，att[i][j]=0 表示没有出席；在输入时对 att 进行赋值。

然后，对每个校友出席筹款晚宴的场数进行计算，设 flag 为校友出席筹款晚宴的场数。如果有校友参加了所有的晚宴，则输出"yes"，否则输出"no"。

参考程序

```
#include <iostream>
#include <cstring>
using namespace std;
int att[510][110];                      // 校友出席筹款晚宴的情况用二维数组 att 表示
int main(void){
    int n, d;                           // 校友数为 n，晚宴场数为 d
    int i, j;
    int flag;                           // 校友出席筹款晚宴的场数
    while(cin>>n>>d , n !=0 || d !=0){  // 外层循环，每次处理一个测试用例
        memset(att, 0, sizeof(att));
        for (i=0; i < d; i++){          // 校友出席筹款晚宴的情况
            for (j=0; j < n; j++){
                cin>>att[i][j];
```

```
        }
    }
    for (j=0; j < n; j++){              // 对每个校友出席筹款晚宴的场数进行计算
        flag=0;
        for (i=0; i < d; i++){
            if (att[i][j]==1){
                flag++;
            }
        }
        if (flag==d){                  // 有校友参加了所有的晚宴
            break;
        }
    }
    if (flag==d){                      // 输出结果
        cout<<"yes"<<endl;
    }
    else{
        cout<<"no"<<endl;
    }
    }
    return 0;
}
```

在 2.4.2 节中，给出基于数组进行离线计算的实验。【2.5.2 Eb Alto Saxophone Player】则是采用二维数组"打表"，离线给出处理每个测试用例所需要的数据；然后，基于二维数组，对测试用例逐一进行处理。

【2.5.2 Eb Alto Saxophone Player】

你喜欢吹萨克斯吗？我有一个中音萨克斯，如图 2.5-1 所示。

图 2.5-1

在吹奏音乐的时候，手指要多次按压按键，我对每个手指按压按键的次数很感兴趣。设音乐只有 8 种音符组成。它们是八度音程的 C D E F G A B 和高八度音程的 C D E F G A B。本题用 c、d、e、f、g、a、b、C、D、E、F、G、A、B 来表示它们。吹奏每个音符要按的手指是：

- c：手指 2 ~ 4，7 ~ 10
- d：手指 2 ~ 4，7 ~ 9
- e：手指 2 ~ 4，7，8
- f：手指 2 ~ 4，7
- g：手指 2 ~ 4
- a：手指 2，3
- b：手指 2
- C：手指 3
- D：手指 1 ~ 4，7 ~ 9
- E：手指 1 ~ 4，7，8
- F：手指 1 ~ 4，7
- G：手指 1 ~ 4
- A：手指 1 ~ 3
- B：手指 1 ~ 2

这里要注意，一个手指按一个按键，不同的手指按不同的按键。

请编写一个程序，计算每个手指按下按键的次数。如果在一个音符中需要一个手指按下按键，但在上一个音符中没有用到这个手指，那么这个手指就要按下按键。此外，对于第一个音符，每个需要按下按键的手指都要按下按键。

输入

输入的第一行给出一个整数 t（$1 \leqslant t \leqslant 1000$），表示测试用例的数量。每个测试用例只有一行，给出一首歌。允许使用的字符是 {'c', 'd', 'e', 'f', 'g', 'a', 'b', 'C', 'D', 'E', 'F', 'G', 'A', 'B'}。一首歌最多有 200 个音符，也有可能这首歌是空的。

输出

对于每个测试用例，输出 10 个数字，表示每个手指按下按键的次数。数字用一个空格隔开。

样例输入	样例输出
3 cdefgab BAGFEDC CbCaDCbCbCCbCbabCCbCbabae	0 1 1 1 0 0 1 1 1 1 1 1 1 1 0 0 1 1 1 0 1 8 10 2 0 0 2 2 1 0

试题来源：OIBH Online Programming Contest 2, 2002

在线测试：UVA 10415

试题解析

在吹奏萨克斯时，每个音符都有不同的按法。给出每个音符需要按压按键的手指编号，计算在一首歌曲中，每个手指按压按键的次数。

如果一个手指在两个连续的音符中都需要按压按键，则按压次数仅计算一次。比如，连续音符 ab，吹奏 a，用手指 2 和 3，吹奏 b，用手指 2，所以手指 2 按压按键的次数为 1。

每个音符用一个只包含 0 和 1 的二进制数表示哪些手指需要按压按键，二进制 1 表示吹奏一个音符需要按压按键的手指。例如，音符 c 表示为二进制 0111001111，即手指 2 ～ 4 和 7 ～ 10 要按下按键。

首先，根据题目描述中给出的吹奏每个音符要按的手指，离线给出定义每个音符要按下的手指的二维数组 table_cdefgab[7][10] 和 table_CDEFGAB[7][10]。

对于每个测试用例，逐个读入音符，基于相应的二维数组 table_cdefgab 或 table_CDEFGAB，对音符对应 10 个手指逐个分析：如果上一个音符中没有用到这个手指，这次这个手指要按压按键，则该手指按下按键的次数加 1。

在参考程序中，用整数指针 p 和 last_p 分别指向当前音符和上一个音符，其中，p=table_cdefgab[buf[i]−'a'] 或 p=table_CDEFGAB[buf[i]−'A'] 指向二维数组相应行的首地址；然后，通过下标 $p[j]$ 对音符对应 10 个手指逐个分析。

参考程序

```
#include <cstdio>
int table_cdefgab[7][10]={        // 八度音程 c、d、e、f、g、a、b 要按下的手指编号
    0, 1, 1, 0, 0, 0, 0, 0, 0, 0,
    0, 1, 0, 0, 0, 0, 0, 0, 0, 0,
    0, 1, 1, 1, 0, 0, 1, 1, 1, 1,
    0, 1, 1, 0, 0, 1, 1, 1, 1, 0,
    0, 1, 1, 0, 0, 1, 1, 1, 0, 0,
    0, 1, 1, 0, 0, 1, 1, 0, 0, 0,
    0, 1, 1, 0, 0, 0, 0, 0, 0, 0,
};
int table_CDEFGAB[7][10]={        // 高八度音程 C、D、E、F、G、A、B 要按下的手指编号
    1, 1, 1, 0, 0, 0, 0, 0, 0, 0,
    1, 1, 0, 0, 0, 0, 0, 0, 0, 0,
    0, 0, 1, 0, 0, 0, 0, 0, 0, 0,
    1, 1, 1, 0, 0, 1, 1, 1, 0, 0,
    1, 1, 1, 0, 0, 1, 1, 0, 0, 0,
    1, 1, 1, 0, 0, 1, 0, 0, 0, 0,
    1, 1, 1, 0, 0, 0, 0, 0, 0, 0,
};
```

```
int main()
{
    int   n, finger[10], *p, *last_p;      // finger[10] 为 10 个手指按键次数, p 为当前
                                           // 音符, last_p 为上一个音符
    char buf[202];                         // 测试用例为一首歌
    scanf("%d",&n);                        // n 为测试用例数
    getchar();
    while (n --) {
        gets(buf);                         // 输入一首歌
        for (int i=0; i <=9; ++ i)         // 初始化清零
            finger[i]=0;
        for (int i=0; buf[i]; ++ i) {  // 处理测试用例
            if (buf[i] >='a' && buf[i] <='g')/         // 八度音程
                p=table_cdefgab[buf[i]-'a'];
            else                           // 高八度音程
                p=table_CDEFGAB[buf[i]-'A'];
            for (int j=0; j <=9; ++ j)
                if (p[j]==1 && (i==0 || last_p[j]==0))
                    finger[j] ++;          // 上一个音符中没有用到这个手指, 这次用到
            last_p=p;
        }
        for (int i=0; i < 9; ++ i) {  // 输出结果
            printf("%d ",finger[i]);
        }
        printf("%d\n",finger[9]);
    }
    return 0;
}
```

二维数组大多用于表示网格、矩阵。在【2.5.3　Mine Sweeper】中，二维数组用于表示网格。

【2.5.3　Mine Sweeper】

扫雷游戏（Mine Sweeper）是一个在 $n \times n$ 的网格上玩的游戏。在网格中隐藏了 m 枚地雷，每一枚地雷在网格上不同的方格中。玩家不断点击网格上的方格。如果有地雷的方格被触发，则地雷爆炸，玩家就输掉了游戏；如果没有地雷的方格被触发，就出现 0 ~ 8 之间的整数，表示包含地雷的相邻方格和对角相邻方格的数目。图 2.5-2 给出了玩该游戏的部分连续的截图。

在图 2.5-2 中，n 为 8，m 为 10，空白方格表示整数 0，凸起的方格表示该方格还未被触发，类似星号的图像则代表地雷。最左边的图表示这个游戏开始玩了一会儿的情况。从最左边的图到中间的图，玩家点击了两个方格，每次玩家都选择了一个安全的方格。从中间的图到最右边的图，玩家就没有那么幸运了，他选择了一个有地雷的方格，因此游戏输了。如果玩家继续触发安全的方格，直到只有 m 个包含

地雷的方格没有被触发，则玩家获胜。

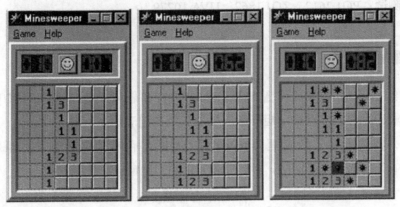

图 2.5-2

请编写一个程序，输入游戏进行的信息，输出相应的网格。

输入

输入的第一行给出一个正整数 n（$n \leqslant 10$）。接下来的 n 行描述地雷的位置，每行用 n 个字符表示一行的内容：句号表示一个方格没有地雷，而星号代表这个方格有地雷。然后的 n 行每行给出 n 个字符：被触发的位置用 x 标识，未被触发的位置用句号标识，样例输入对应于图 2.5-2 中间的图。

输出

输出给出网格，每个方格被填入适当的值。如果被触发的方格没有地雷，则给出从 0～8 之间的值；如果有一枚地雷被触发，则所有有地雷的方格位置都用一个星号标识。所有其他的方格用一个句号标识。

样例输入	样例输出
8	001.....
...**..*	0013....
......*.	0001....
....*...	00011...
....	00001...
....	00123...
....*..	001.....
..**.*..	00123...
.....*..	
xxx.....	
xxxx....	
xxxx....	
xxxxx...	
xxxxx...	
xxxxx...	
xxx.....	
xxxxx...	

试题来源： Waterloo local 1999.10.02

在线测试： POJ 2612，ZOJ 1862，UVA 10279

试题解析

本题给出了描述地雷位置的矩阵 Map[i][j] 和触发情况矩阵 touch[i][j]（$1 \leqslant i$, $j \leqslant n$），要求计算和输出网格。矩阵和网格用二维数组表示。

首先，在输入触发情况矩阵 touch 时，判断是否有地雷被触发，即是否存在 touch [i][j]=='x' &&Map [i][j]=='*' 的格子 (i, j)，设定地雷被触发标志为

$$mc = \begin{cases} \text{'*'} & \text{地雷被触发} \\ \text{'.'} & \text{地雷没有被触发} \end{cases}$$

然后，自上而下、从左而右地计算和输出每个位置 (i, j) 的网格状态（$1 \leqslant i, j \leqslant n$）：

1）若 (i, j) 被触发，但没有地雷（touch [i][j]=='x' &&Map [i][j]=='.'），则统计 (i, j) 的 8 个相邻格中有地雷的位置数 num，并输出。

2）否则（即 touch [i][j]=='.' || Map [i][j]=='*'），如果 (i, j) 有地雷，则输出地雷被触发标志 mc；如果 (i, j) 没有地雷，则输出 "."。

参考程序

```cpp
#include <iostream>
using namespace std;
char Map[10][10];                              // 地雷位置的矩阵 Map[i][j]
char touch[10][10];                            // 触发情况矩阵 touch[i][j]
char mc;                                       // 地雷被触发标志 mc
int main(){
    int n;                                     // 扫雷游戏在 n×n 的网格上
    scanf("%d",&n);
    mc='.';                                    // 地雷被触发标志初值
    for(int i=0;i<n;i++)
        for(int j=0;j<n;j++)
            cin>>Map[i][j];                    // 输入地雷位置的矩阵
    for(int i=0;i<n;i++)
        for(int j=0;j<n;j++){
            cin>>touch[i][j];                  // 输入触发情况矩阵
            if(touch[i][j]=='x'&&Map[i][j]=='*')  // 判断是否有地雷被触发
                mc='*';
        }
    for(int i=0;i<n;i++){
        for(int j=0;j<n;j++)
            if(touch[i][j]=='x'&&Map[i][j]=='.'){  // 被触发，不是地雷，统计相
                                               // 邻地雷 num
```

```
                int num=0;
                for(int x=-1;x<=1;x++)
                    for(int y=-1;y<=1;y++){
                        int a=x+i;
                        int b=y+j;
                        if(a>=0&&a<n&&b>=0&&b<n&&Map[a][b]=='*')
                        num++;
                    }
                printf("%d",num);
            }
            else if(touch[i][j]=='.'||Map[i][j]=='*')
                if(Map[i][j]=='*')                          //有地雷
                    printf("%c",mc);
                else printf(".");                            //没有地雷
        printf("\n");
    }
    return 0;
}
```

2.6 字符和字符串

在计算机中，所有的数据在存储和运算时都要使用二进制数表示，因此，美国国家标准学会（American National Standard Institute，ANSI）制定了 ASCII 码（American Standard Code for Information Interchange，美国信息交换标准代码）。这是一种标准的单字节字符编码方案，使用 7 位二进制数（剩下的 1 位二进制为 0）来表示所有的大写和小写字母、数字 0 ~ 9、标点符号，以及在美式英语中使用的特殊控制字符，供不同计算机在相互通信时用作共同遵守的西文字符编码标准，后来它被国际标准化组织（International Organization for Standardization，ISO）定为国际标准，共定义了 128 个字符。

在 C/C++ 等程序设计语言中，字符和对应的 ASCII 码是等价的。比如，字符 'A' 和 'A' 所对应的 ASCII 码值 65 是等价的。例如：char c='A'，int a=c+1，则整型变量 a 的值为 66。

字符串（String）是由零个或多个字符组成的有限序列。一般记为 s="$a_0 a_1 \cdots a_{n-1}$"，其中 s 是字符串名，用双引号作为分界符括起来的 $a_0 a_1 \cdots a_{n-1}$ 称为串值，其中的 a_i（$0 \leqslant i \leqslant n-1$）是字符串中的字符。字符串中字符的个数称为字符串的长度。字符串的串结束符 '\0' 不作为字符串中的字符，也不被计入字符串的长度。双引号间也可以没有任何字符，这样的字符串被称为空串。

字符串在存储上同字符数组一样，字符串中的每一位字符都是可以提取的，例如 string s = "abcdefg"，则 s[1]='b'，s[4]='e'。

【2.6.1   IBM Minus One 】

你可能听说过 Arthur C. Clarke 的书《2001：太空漫游》，或者 Stanley Kubrick 的同名电影。在书和电影里面，一艘宇宙飞船从地球飞往土星。在长时间的飞行中，机组人员处于睡眠状态，只有两个人醒着，飞船由智能计算机 HAL 控制。但在飞行中，HAL 的行为越来越奇怪，甚至要杀害机上的机组人员。我们不会告诉你故事的结局，因为你可能想自己读完这本书。

这部电影上映后很受欢迎，人们就 "HAL" 这个名字的实际含义进行了讨论。有人认为它可能是 "Heuristic Algorithm"（启发式算法）的缩写，但最流行的解释是：如果你按字母表的顺序，将 "HAL" 一词中的每一个字母用下一个字母替换，则是 "IBM"。

也许还有更多的缩略语以这种奇怪的方式联系在一起，请你编写一个程序来找出这样的联系。

输入

输入的第一行给出整数 n，表示后面的字符串的数目。接下来的 n 行每行给出一个字符串，最多为 50 个大写字母。

输出

对于输入中的每个字符串，首先，输出字符串的编号，如样例输出所示。然后，输出一个由输入字符串所派生的字符串，将输入字符串中的每个字母都按字母表顺序，用下一个字母替换，并用 'A' 替换 'Z'。

在每个测试用例后输出一个空行。

样例输入	样例输出
2	String #1
HAL	IBM
SWERC	
	String #2
	TXFSD

试题来源：Southwestern Europe 1997，Practice
在线测试：ZOJ 1240

试题解析

本题是使学生掌握字符、字符串概念的基础题。

对于每个测试用例，输入字符串作为字符数组按序提取字符串的每一位字符，如果是 'Z'，则用 'A' 替换；否则，将字符所对应的 ASCII 码值加 1，然后输出该字符。

在参考程序中使用了字符串函数。

参考程序

```cpp
#include <iostream>
using namespace std;
int main(){
    int n;                                      //n: 输入的字符串的数目
    string s;                                   //s: 输入的字符串
    cin >> n;
    for(int i=0; i < n; i++){
        cin >> s;
        int l=s.length();                       //l: 输入的字符串长度
        cout << "String #" << i + 1 << endl;
        for(int j=0; j < l; j++){
            if(s[j]=='Z')                       //输入字符串中的 'Z' 用 'A' 替换
                cout << 'A';
            else                                //输入字符串中的每个字母都按字母表
                                                //顺序,用下一个字母替换
                cout << (char)(s[j] + 1);       //char 函数将数字转换成对应的字符
        }
        cout << endl << endl;
    }
    return 0;
}
```

【2.6.2　Quicksum】

校验是一个扫描数据包并返回一个数字的算法。校验的思想是,如果数据包发生了变化,校验值也将随着发生变化,所以校验经常被用于检测传输错误,验证文件的内容,而且在许多情况下,用于检测数据的不良变化。

本题请你实现一个名为 Quicksum 的校验算法。Quicksum 的数据包只包含大写字母和空格,以大写字母开始和结束,空格和字母可以以任何的组合出现,可以有连续的空格。

Quicksum 计算在数据包中每个字符的位置与字符对应值的乘积的总和。空格的对应值为 0,字母的对应值是它们在字母表中的位置。A=1,B=2,…,Z=26。例如 Quicksum 计算数据包 ACM 和 MID CENTRAL 如下:

1)ACM:$1\times1+2\times3+3\times13=46$。

2)MID CENTRAL:$1\times13+2\times9+3\times4+4\times0+5\times3+6\times5+7\times14+8\times20+9\times18+10\times1+11\times12=650$。

输入

输入由一个或多个测试用例(数据包)组成,输入最后给出仅包含"#"的一行，表示输入结束。每个测试用例一行，开始和结束没有空格，包含 1 ~ 255 个字符。

输出

对每个测试用例（数据包），在一行中输出其 Quicksum 的值。

样例输入	样例输出
ACM	46
MID CENTRAL	650
REGIONAL PROGRAMMING CONTEST	4690
ACN	49
ACM	75
ABC	14
BBC	15
#	

试题来源：ACM Mid-Central USA 2006

在线测试：POJ 3094，ZOJ 2812，UVA 3594

试题解析

整个计算过程为一个循环，每次循环输入当前测试用例字符串 s 并计算和输出其 Quicksum 值。

Quicksum 值初始化为 0，将当前测试用例所对应的字符串 s 作为字符数组，按字符串长度逐个处理字符，若字符 $s[i]$ 为一个大写字母（$s[i] >= 'A' \&\& s[i] <= 'Z'$），则计算该字符对应值 $s[i]-'A'+1$，并计算字符串 s 的 Quicksum 值，即 Quicksum $+= (s[i]-'A'+1) \times (i+1)$。

若 s 为输入结束符 "#"，则退出程序。

参考程序

```
#include <iostream>
using namespace std;
char s[300];                            //输入的字符串（数据包）
int main()
{
    while(gets(s)&&s[0]!='#')           //每次循环输入当前测试用例，"#"为结束符
    {
        int Quicksum=0;                 //Quicksum 值初始化
        for(int i=0;i<strlen(s);i++)    //计算 Quicksum 值
            if(s[i]>='A'&&s[i]<='Z')
```

```
                Quicksum += (s[i]-'A'+1)*(i+1);
                printf("%d\n", Quicksum);      // 输出 Quicksum 值
            }
        return 0;
    }
```

在 2.4.2 节中，给出了基于数组进行离线计算的实验。【2.6.3　WERTYU】则采用常量字符数组离线给出转换表；然后，基于字符数组，对测试用例进行处理。

【2.6.3　WERTYU】

一种常见的打字错误是将手放在键盘上正确位置的那一行的右边，如图 2.6-1 所示。因此，将"Q"输入为"W"、将"J"输入为"K"等。请你对以这种方式中键入的消息进行解码。

图 2.6-1

输入

输入包含若干行文本。每一行包含数字、空格、大写字母（除 Q、A 和 Z 之外），或如图 2.6-1 中所示的（除反引号（`）之外）。用单词标记的键（Tab 键、BackSp 键、Control 键等）不在输入中。

输出

对于输入的每个字母或标点符号，用图 2.6-1 所示的 QWERTY 键盘上左边的键的内容来替代。输入中的空格也显示在输出中。

样例输入	样例输出
O S, GOMR YPFSU/	I AM FINE TODAY.

试题来源：Waterloo local 2001.01.27
在线测试：POJ 2538，ZOJ 1884，UVA 10082

试题解析

先根据图 2.6-1 中的键盘，离线给出转换表，用于存储每个键对应的左侧键。注

意：根据题意，单词键（Tab 键、BackSp 键和 Control 键等）和每一行在最左边的键
（Q、A、Z）不在转换表中。此外所有字母都是大写的。以后每输入一个字母或标点
符号，直接输出转换表中对应的左侧键。

搜索输入字符的位置，然后再输出其前一个字符。

参考程序

```
#include <cstdio>
#include <cstring>
const char dic[]="   1234567890-=QWERTYUIOP[]\\ASDFGHJKL;'ZXCVBNM,./"; // 转换表
char str[1000];                                        // 输入字符串
int main()
{
    int i,j,l,l2=strlen(dic);
    while (gets(str)!=NULL)
    {
        l=strlen(str);                                 // 输入字符串长度
        for (i=0;i<l;i++)                              // 逐个字符处理
        {
            for (j=1;str[i]!=dic[j] && j<l2;j++)       // 输出左侧字符
            if (j<l2)
                printf("%c",dic[j-1]);
            else
                printf(" ");
        }
        printf("\n");
    }
}
```

实验【2.6.4　Doom's Day Algorithm】则是字符串作为数组元素的实验。

【2.6.4　Doom's Day Algorithm】

末日算法（Doom's Day Algorithm）不是计算哪一天是世界末日的算法，末日算
法是由数学家 John Horton Conway 设计出的一个算法，对于某一个日期，计算那一
天是一周中的哪一天（星期一、星期二等）。

末日算法源于世界末日的概念，一周中的某一天总有一个特定的日期。例如，
4/4（4 月 4 日）、6/6（6 月 6 日）、8/8（8 月 8 日）、10/10（10 月 10 日）和 12/12（12
月 12 日）都是世界末日发生的日期。每一年都有自己的世界末日。

在 2011 年，世界末日是星期一，所以 4/4、6/6、8/8、10/10 和 12/12 都是星期
一。利用这些信息，可以很容易地计算出其他日期。例如，2011 年 12 月 13 日是星
期二，2011 年 12 月 14 日是星期三，等等。

其他的世界末日的日期是 5/9、9/5、7/11 和 11/7。此外，在闰年，1/11（1 月 11日）和 2/22（2 月 22 日）是世界末日；而在非闰年，1/10（1 月 10 日）和 2/21（2 月21 日）是世界末日。

给出一个 2011 年的日期，请你计算这是在一周中的哪一天。

输入

输入给出若干不同的测试用例。输入的第一行给出测试用例的数量。

对于每个测试用例，在一行中给出两个数字 M 和 D；其中 M 表示月份（从1 ~ 12），D 表示日期（从 1 ~ 31）。给出的日期是有效日期。

输出

对于每个测试用例，输出该日期是在 2011 年的星期几，也就是 Monday、Tuesday、Wednesday、Thursday、Friday、Saturday 和 Sunday 中的一个。

样例输入	样例输出
8	Thursday
1 6	Monday
2 28	Tuesday
4 5	Thursday
5 26	Monday
8 1	Tuesday
11 1	Sunday
12 25	Saturday
12 31	

试题来源：IX Programming Olympiads in Murcia, 2011
在线测试：UVA 12019

试题解析

由样例输入 / 输出可知，2011/1/6 是星期四，可以推出 2010/12/31 为星期五。以此日期为起点，计算从 2010/12/31 到输入日期所经过的天数，将天数除以 7，从得到的余数就可以得出是星期几。

在本题参考程序中，用字符串数组 Day 存储星期几，整数数组 Month 存储每个月的天数。

参考程序

```
#include <bits/stdc++.h>
```

```
using namespace std;
int main()
{
    int kase;
    cin >> kase;
     string Day[]={"Sunday", "Monday", "Tuesday", "Wednesday", "Thursday",
         "Friday", "Saturday"};                              // 星期几
    int Month[]={0,31,28,31,30,31,30,31,31,30,31,30,31};      // 每个月的天数
    while (kase--) {
        int m, d;
        cin >> m >> d;
        int days=0;
        for(int i=0;i<m;i++)
            days+=Month[i];
        int w=(days+d+5)%7;      // days+d: 从 2010/12/31 到输入日期所经过的天数
        cout<<Day[w]<<endl;
    }
    return 0;
}
```

第 3 章

编程基础 II

在第 2 章展开的基本的数据类型和程序结构、数组、字符串的实验基础上，本章给出了函数、结构体和指针的编程实验。

3.1　函数

小到一个代码量比较大的程序，大到一个软件系统，开发的指导思想是结构化思想，即所谓的"自顶向下，逐步求精，功能分解"。一个代码量比较大的程序或一个软件系统要被分为若干个模块，每一个模块用来实现一个特定的功能。

函数的英语是 function，function 还有一个含义：功能。一个函数的本质是在程序设计中，按模块化的原则，实现某一项功能。程序由一个主函数和若干个函数构成，主函数调用其他函数，其他函数之间也可以互相调用，并且一个函数可以被其他函数调用多次。

在程序设计语言中，函数定义的形式为"返回类型　函数名 (形参列表){ 函数体语句 return 表达式 ;}"，函数调用的形式为"函数名 (实参列表);"。

实验【3.1.1　Specialized Four-Digit Numbers 】、【3.1.2　Pig-Latin 】和【3.1.3　Tic Tac Toe 】给出以函数实现特定功能。

【3.1.1　Specialized Four-Digit Numbers 】

找到并列出所有具有这样特性的十进制的 4 位数字：其 4 位数字的和等于这个数字以 16 进制表示时的 4 位数字的和，也等于这个数字以 12 进制表示时的 4 位数字的和。

例如，整数 2991 的（十进制）4 位数字之和是 2+9+9+1=21，因为 2991=1×1728+8×144+9×12+3，所以其 12 进制表示为 1893_{12}，4 位数字之和也是 21。但是 2991 的十六进制表示为 BAF_{16}，并且 11+10+15=36，因此 2991 被程序排除了。

下一个数是 2992，3 种表示的各位数字之和都是 22（包括 $BB0_{16}$），因此 2992 要被列在输出中。（本题不考虑少于 4 位数字的十进制数——排除了前导零，因此 2992 是第一个正确答案。）

输入

本题没有输入。

输出

输出为 2992 和所有比 2922 大的满足需求的 4 位数字（以严格的递增序列），每个数字一行，数字前后不加空格，以行结束符结束。输出没有空行。输出的前几行如下所示。

样例输入	样例输出
（无输入）	2992
	2993
	2994
	2995
	2996
	2997
	2998
	2999
	…

试题来源：ACM Pacific Northwest 2004

在线测试：POJ 2196, ZOJ 2405, UVA 3199

试题解析

首先，设计一个函数 Calc(base, n)，计算和返回 n 转换成 base 进制后的各位数字之和。然后，枚举 [2992 ... 9999] 内的每个数 i，若 Calc(10, i)==Calc(12, i)==Calc(16, i)，则输出 i。

参考程序

```cpp
#include <iostream>
using namespace std;
int Calc(int base,int n)        // 计算和返回 n 转换成 base 进制后的各位数字之和
{
    int sum=0;
    for (;n;n/=base)
        sum+=n%base;
    return sum;
}
int main()
{
    int i,a;
    for (i=2992;i<=9999;i++)    // 枚举 [2992...9999] 内的每个数 i
    {
        a=Calc(10,i);
        if (a==Calc(12,i) && a==Calc(16,i))
```

```
        cout<<i<<endl;
    }
    return 0;
}
```

【3.1.2　Pig-Latin】

你意识到 PGP 加密系统还不足够保护电子邮件，所以，你决定在使用 PGP 加密系统之前，先把你的明文字母转换成 Pig Latin（一种隐语），以完善加密。

输入和输出

请你编写一个程序，输入任意数量行的文本，并以 Pig Latin 输出。每行文本将包含一个或多个单词。一个"单词"被定义为一个连续的字母序列（大写字母和 / 或小写字母）。单词根据以下规则转换为 Pig Latin，非单词的字符在输出时则和输入中出现的完全一样：

1）以元音字母（a、e、i、o 或 u，以及这些字母的大写形式）开头的单词，要在其后面附加字符串"ay"（不包括双引号）。例如，"apple"变成"appleay"。

2）以辅音字母（不是 A、a、E、e、I、i、O、o、U 或 u 的任何字母）开头的单词，要去掉第一个辅音字母，并将之附加在单词的末尾，然后再在单词的末尾加上"ay"。例如，"hello"变成"ellohay"。

3）不要改变任何字母的大小写。

样例输入	样例输出
This is the input.	hisTay isay hetay inputay.

试题来源：University of Notre Dame Local Contest 1995

在线测试：UVA 492

试题解析

首先，设计两个函数 isab(char c) 和 vowel(char c)，分别判断字符 c 是否是字母，以及是否是元音字母。

在主程序中，在输入文本后，根据试题描述中给出的规则进行处理：非字母的字符，直接输出；如果是单词（一个连续的字母序列），则如果单词是辅音字母开头，则把该辅音字母放到单词的最后；然后，所有的单词后加上"ay"。

参考程序

```
#include <iostream>
```

```
using namespace std;
char temp[1000005];                              // 输入的文本
int isab( char c )                               // 是否是字母
{
    if ( c >='a' && c <='z' )
        return 1;
    if ( c >='A' && c <='Z' )
        return 1;
    return 0;
}
int vowel( char c )                              // 是否是元音字母
{
    if ( c=='a' || c=='e' || c=='i' || c=='o' || c=='u' )
        return 1;
    if ( c=='A' || c=='E' || c=='I' || c=='O' || c=='U' )
        return 1;
    return 0;
}
int main()
{
    while ( gets(temp) ) {
        int s=0,t=0;
        while ( temp[s] )
            if ( !isab(temp[s]) ) {              // 不是字母，直接输出
                printf("%c",temp[s ++]);
                t=s;
            }else if ( isab(temp[t]) )           // 是字母
                t ++;
            else {
                if ( !vowel(temp[s]) ) {         // 辅音字母开头
                    for ( int i=s+1 ; i < t ; ++ i )
                        printf("%c",temp[i]);
                    printf("%c",temp[s]);
                }else                            // 元音字母开头
                    for ( int i=s ; i < t ; ++ i )
                        printf("%c",temp[i]);
                printf("ay");
                s=t;
            }
        printf("\n");
    }
    return 0;
}
```

【3.1.3 Tic Tac Toe】

三连棋游戏（Tic Tac Toe）是一个在 3×3 的网格上玩的少儿游戏。一个玩家 X 开始将一个"X"放置在一个未被占据的网格位置上，然后另外一个玩家 O，则将一个"O"放置在一个未被占据的网格位置上。"X"和"O"就这样被交替地放置，

直到所有的网格被占满，或者有一个玩家的符号在网格中占据了一整行（垂直、水平或对角）。

初始时，用9个点表示为空的三连棋，在任何时候放"X"或放"O"都会被放置在适当的位置上。图3.1-1说明了从开始到结束三连棋的下棋步骤，最终玩家X获胜。

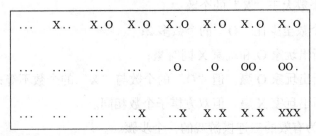

图 3.1-1

请你编写一个程序，输入网格，确定其是否是有效的三连棋游戏的一个步骤？也就是说，通过一系列的步骤可以在游戏的开始到结束之间产生这一网格？

输入

输入的第一行给出 N，表示测试用例的数目。然后给出 4N−1 行，说明 N 个用空行分隔的网格图。

输出

对于每个测试用例，在一行中输出"yes"或"no"，表示该网格图是否是有效的三连棋游戏的一个步骤。

样例输入	样例输出
2	yes
X.O	no
OO.	
XXX	
O.X	
XX.	
OOO	

试题来源：Waterloo local 2002.09.21

在线测试：POJ 2361, ZOJ 1908, UVA 10363

试题解析

由于玩家X先走且轮流执子，因此网格图为有效的三连棋游戏的一个步骤，一定同时呈现下述特征：

1）"O"的数目一定小于等于"X"的数目；

2）如果"X"的数目比"O"多 1 个，那么不可能是玩家 O 赢了三连棋；

3）如果"X"的数目和"O"的数目相等，则不可能玩家 X 赢了三连棋。

也就是说，网格图为无效的三连棋游戏的一个步骤，至少呈现下述 5 个特征之一：

1）"O"的个数大于"X"的个数；

2）"X"的个数至少比"O"的个数多 2；

3）已经判断出玩家 O 和玩家 X 同时赢；

4）已经判断出玩家 O 赢，但"O"的个数与"X"的个数不等；

5）已经判断出玩家 X 赢，但双方棋子个数相同。

否则网格图为有效的三连棋游戏的一个步骤。

参考程序

```c
#include<stdio.h>
char plant[4][4];
int i, j;
int win(char c)                          //判断是否赢
{
    for(i=0; i<3; i++)
    {
        for(j=0; j<3 && plant[i][j]==c; j++) //判断一行是否相同
            if(j==2) return 1;
        for(j=0; j<3 && plant[j][i]==c; j++) //判断一列是否相同
            if(j==2) return 1;
    }
    for(i=0; i<3 && plant[i][i]==c; i++)     //判断主对角线是否相同
        if(i==2) return 1;
    for(i=0; i<3 && plant[i][2-i]==c; i++)   //判断次对角线是否相同
        if(i==2) return 1;
    return 0;
}
int main()
{
    int flag;                            //用来标注是否合法
    int n, xcount, ocount;
    while(scanf("%d", &n)!=EOF)
    {
        getchar();
        while(n--)
        {
            xcount=0;
            ocount=0;
```

```
    for(i=0; i<3; i++)                      // 输入网络
        scanf("%s", plant[i]);
    flag=1;
    for(i=0; i<3; i++)                      // 计算 "X" 和 "O" 出现的次数，判
                                            // 断是否合法提供依据
    {
        for(j=0; j<3; j++)
            if(plant[i][j]=='X')
                xcount++;
            else if(plant[i][j]=='O')
                ocount++;
    }
    if(win('X') && win('O'))                // 两个人同时赢
        flag=0;
    if(win('X') && xcount==ocount)          // X 赢了，但是双方棋子一样多
        flag=0;
    if(ocount>xcount ||xcount-ocount>1)     // "O" 的个数大于 "X"，"X" 的个数
                                            // 减 "O" 的个数大于1
        flag=0;
    if(win('O') && ocount!=xcount)          // 判断 O 赢，但是双方棋子不等
        flag=0;
    if(win('X') && ocount==xcount)          // 判断 X 赢，但是双方棋子个数相同
        flag=0;
    if(flag)
        printf("yes\n");
    else
        printf("no\n");
    }
}
    return 0;
}
```

讨论函数，就要涉及全局变量和局部变量。全局变量，就是对于整个程序都可以使用的变量。而局部变量就是只能在局部使用的变量，也就是说，只能在特定的函数或子程序中访问的变量，它的作用域就在函数或子程序的内部。

此前的实验，函数中使用的变量都是全局变量。在【3.1.4 Factorial! You Must be Kidding!!!】的参考程序中，在函数中，我们定义了局部变量。

【3.1.4 Factorial! You Must be Kidding!!!】

Arif 在 Bongobazar 买了一台超级电脑。Bongobazar 是达卡（Dhaka）的二手货市场，因此他买的这台超级电脑也是二手货，存在一些问题。其中的一个问题是这台电脑的 C/C++ 编译器的无符号长整数的范围已经被改变了。现在新的下限是 10 000，上限是 6 227 020 800。Arif 用 C/C++ 写了一个程序，确定一个整数的阶乘。整数的阶乘递归定义为：

$$\text{Factorial}(0) = 1$$

$$\text{Factorial}(n) = n*\text{Factorial}(n-1)$$

当然，可以改变这样的表达式，例如，可以写成：

$$\text{Factorial}(n) = n*(n-1)*\text{Factorial}(n-2)$$

这一定义也可以转换为迭代的形式。

但 Arif 知道，在这台超级电脑上，这一程序不可能正确地运行。请你编写一个程序，模拟在正常计算机上的改变行为。

输入

输入包含若干行，每行给出一个整数 n。不会有整数超过 6 位。输入以 EOF 结束。

输出

对于每一行的输入，输出一行。如果 $n!$ 的值在 Arif 计算机的无符号长整数范围内，则输出行给出 $n!$ 的值；否则输出行给出如下两行之一：

```
Overflow!        // ( 当 n! > 6227020800)
Underflow!       // ( 当 n! < 10000)
```

样例输入	样例输出
2	Underflow!
10	3628800
100	Overflow!

试题来源：The Conclusive Contest- The decider. 2002
在线测试：UVA 10323

试题解析

本题题意非常简单：给出 n，如果 $n!$ 大于 6 227 020 800，则输出 "Overflow!"；如果 $n!$ 小于 10 000，输出 "Underflow!"；否则，输出 $n!$。

$F(n) = n \times F(n-1)$，并且 $F(0) = 1$。虽然负阶乘通常未被定义，但本题在这一方面做了延伸：$F(0) = 0 \times F(-1)$，即 $F(-1) = \dfrac{F(0)}{0} = \infty$。则 $F(-1) = -1 \times F(-2)$，也就是 $F(-2) = -F(-1) = -\infty$。以此类推，$F(-2) = -2 \times F(-3)$，则 $F(-3) = \infty$……

首先，离线计算 $F[i] = i!$，$8 \leqslant i \leqslant 13$。

然后，对每个 n：

1）如果 $8 \leqslant n \leqslant 13$，则输出 $F[n]$；

2）如果 $(n \geqslant 14 \| (n < 0 \&\& (-n)\%2 == 1))$，则输出 "Overflow!"；

3）如果 $(n \leqslant 7 \| (n < 0 \&\& (-n)\%2 == 0))$，则输出 "Underflow!"。

在参考程序中，函数 init() 离线计算 $F[i]=i!$，$0 \leqslant i \leqslant 13$。在函数中，循环变量 i 为局部变量，而 $F[i]$ 则为全局变量。

参考程序

```
#include <iostream>
using namespace std;
const long long FACT1=10000, FACT2=6227020800; //下限和上限
const int N=13;
long long F[N + 1];
void init( )                                    // 离线计算 F[i]=i!, 0≤i≤13
{
    F[0]=1;
    for(int i=1; i<=N; i++)
        F[i]=i * F[i - 1];
}
int main()
{
    init();
     int n;
    while(~scanf("%d", &n))
        if(n > N || (n < 0 &&(-n)%2==1))
            printf("Overflow!\n");
        else if(F[n] < FACT1 || (n < 0 &&(-n)%2==0))
            printf("Underflow!\n");
        else
            printf("%lld\n", F[n]);
    return 0;
}
```

3.2　递归函数

程序调用自身的编程技巧称为递归（Recursion），是子程序在其定义或说明中直接或间接调用自身的一种方法。

例如，对于自然数 n，阶乘 $n!$ 的递归定义为 $n! = \begin{cases} 1 & n=0 \\ n \times (n-1)! & n \geqslant 1 \end{cases}$。按阶乘 $n!$ 的递归定义，求解 $n!$ 的递归函数 fac(n) 如下。

```
int  fac(int n);
{
    if (n==0) return 1;                          //判断递归边界
    if (n>=1) return n*fac(n-1);                 //处理递归并返回结果
}
```

从上述例子可以得出：首先，基于递归的定义给出递归函数，其次要有递归的

边界条件（结束条件），而递归的过程是向递归的边界条件不断逼近。

【 3.2.1   Function Run Fun 】

我们都爱递归！不是吗？

请考虑一个带 3 个参数的递归函数 $w(a, b, c)$：

- 如果 $a \leqslant 0$ 或 $b \leqslant 0$ 或 $c \leqslant 0$，则 $w(a, b, c)$ 返回 1；
- 如果 $a > 20$ 或 $b > 20$ 或 $c > 20$，则 $w(a, b, c)$ 返回 $w(20, 20, 20)$；
- 如果 $a < b$ 且 $b < c$，则 $w(a, b, c)$ 返回 $w(a, b, c-1) + w(a, b-1, c-1) - w(a, b-1, c)$；
- 否则，返回 $w(a-1, b, c) + w(a-1, b-1, c) + w(a-1, b, c-1) - w(a-1, b-1, c-1)$。

这是一个很容易实现的函数。但存在的问题是，如果直接实现，对于取中间值的 a、b 和 c（例如 $a=15$、$b=15$、$c=15$），由于存在大量递归，程序运行会非常耗时。

输入

程序的输入是一系列整数三元组，每行一个，一直到结束标志"$-1\ -1\ -1$"为止。请你高效地计算 $w(a, b, c)$ 并输出结果。

输出

输出每个三元组 $w(a, b, c)$ 的值。

样例输入	样例输出
1 1 1	w(1, 1, 1)=2
2 2 2	w(2, 2, 2)=4
10 4 6	w(10, 4, 6)=523
50 50 50	w(50, 50, 50)=1048576
−1 7 18	w(−1, 7, 18)=1
−1 −1 −1	

试题来源：ACM Pacific Northwest 1999

在线测试：POJ1579

试题解析

对于取中间值的 a、b 和 c，由于存在大量递归，程序运行非常耗时。所以，本题的递归函数计算采用记忆化递归进行计算，用一个三维数组 f 来记忆递归的结果，$f[a][b][c]$ 用于记忆 $w(a, b, c)$ 的返回值。

参考程序

```
#include <stdio.h>
```

```
#include <string.h>
#define N 20
int f[N + 1][N + 1][N + 1];                 // 三维数组 f[a][b][c] 用于记忆 w(a, b, c)
int w(int a, int b, int c)                  // 根据递归定义给出递归函数 w
{
    if(a <=0 || b <=0 || c <=0) return 1;
    else if(a > N || b > N || c > N) return w(N, N, N);
    else if(f[a][b][c]) return f[a][b][c];  // f[a][b][c] 已经记忆 w(a, b, c)
    else if(a < b && b < c) return f[a][b][c]=w(a, b, c - 1) + w(a, b - 1,
        c - 1) - w(a, b - 1, c);
    else return f[a][b][c]=w(a - 1, b, c) + w(a - 1, b - 1, c) + w(a - 1, b,
        c - 1) - w(a - 1, b - 1, c - 1);
}
int main(void)
{
    memset(f, 0, sizeof(f));                 // 三维数组 f 初始化赋值 0
    int a, b, c;
    while(scanf("%d%d%d", &a, &b, &c) !=EOF) { // 每次循环处理一个整数三元组
        if(a==-1 && b==-1 && c==-1) return 0;
        printf("w(%d, %d, %d)=%d\n", a, b, c, w(a,b,c));
    }
    return 0;
}
```

在【3.2.1　Function Run Fun】的基础上,【3.2.2　Simple Addition】是一个递归嵌套的实验。

【3.2.2　Simple Addition】

定义一个递归函数 $F(n)$:

$$F(n)=\begin{cases} n\%10 & 若(n\%10)>0 \\ 0 & 若 n=0 \\ F(n/10) & 其他 \end{cases}$$

定义另一个函数 $S(p,q)$, $S(p,q)=\sum_{i=p}^{q} F(i)$。

给出 p 和 q 的值,求函数 $S(p,q)$ 的值。

输入

输入包含若干行。每行给出两个非负整数 p 和 q ($p\leqslant q$),这两个整数之间用一个空格隔开,p 和 q 是 32 位有符号整数。输入由包含两个负整数的行结束。程序不用处理这一行。

输出

对于每行输入,输出一行,给出 $S(p,q)$ 的值。

样例输入	样例输出
1 10	46
10 20	48
30 40	52
−1 −1	

试题来源：Warming up for Warmups, 2006

在线测试：UVA 10944

试题解析

根据递归函数 $F(n)$ 的定义给出递归函数。因为 p 和 q 是 32 位有符号整数，$S(p, q)$ 的值可能会超出 32 位有符号整数，所以本题的变量类型定义为 long long int，即 64 位有符号整数。

因为 $q-p$ 可能高达 2^{31}，如果直接按题意，对于 $p \leqslant n \leqslant q$ 的每个 n，计算 $F(n)$ 并累加到 $S(p, q)$ 中，可能会导致程序超时。因此，要根据 p 和 q 之间的范围，分而治之地进行优化：

1）如果 $q-p<9$，根据 $S(p, q) = \sum_{i=p}^{q} F(i)$，直接递归计算每个 $F(i)$，并累加计算 $S(p, q)$。

2）如果 $q-p \geqslant 9$，则分析递归函数 $F(n)$：如果 $n\%10 \neq 0$，即 n 的个位数不为 0，则 $F(n)=n\%10$，即 n 的个位数。因此，对于个位数不为 0 的 n，将其个位数计入总和。如果 $n\%10=0$，则 $F(n)=F(n/10)$，即，在个位数为 0 时，就要将其十位数变为个位数，进行上述分析。

由此，给出本题的递归算法：每一轮求出 $[p, q]$ 区间内数字的个位数的和，并计入总和，再将 $[p, q]$ 区间内个位数为 0 的数除以 10，产生新区间，进入下一轮，再求新区间内数字的个位数的和，并计入总和，而个位数为 0 的数除以 10，产生新区间，以此类推，直到 $[p, q]$ 区间内的数只有个位数。

例如，求 $S(2, 53)$，将范围划分为 3 个区间：$[2, 9]$、$[10, 50]$ 和 $[51, 53]$。

对于第 1 个区间 $[2, 9]$，个位数之和 $2+3+4+\cdots+9=44$；对于第 2 个区间 $[10, 50]$，个位数之和 $(1+2+\cdots+9)\times4=45\times4=180$；对于第 3 个区间 $[51, 53]$，个位数之和 $1+2+3=6$。所以，第一轮，个位数的总和为 $44+180+6=230$。

在 $[10, 50]$ 中，10、20、30、40 和 50 的个位数是 0，将这些数除以 10 后得到 1、2、3、4 和 5，产生新区间 $[1, 5]$；进入第二轮，区间 $[1, 5]$ 中的数只有个位数，个位数之和 $1+2+3+4+5=15$。

最后，两轮结果相加，得 $S(2, 53)=230+15=245$。

![参考程序图标] **参考程序**

```c
#include <stdio.h>
#define ll long long
ll ans;                          //S(p, q) 的值
ll f(ll x)                       //根据递归函数 F(n) 的定义给出递归函数
{   if (x==0)    return 0;
    else if (x % 10)
        return x % 10;
    else
        return  f(x / 10);
}
void solve(ll l, ll r)           //计算 S(p, q) 的值
{
    if (r - l < 9) {             //如果 q-p<9，直接计算
        for (int i=l; i <=r; i++)
            ans +=f(i);
        return;
    }
    while (l % 10) {             //第 1 个区间，计算个位数之和
        ans +=f(l);
        l++;
    }
    while (r % 10) {             //第 3 个区间，计算个位数之和
        ans +=f(r);
        r--;
    }
    ans +=45 * (r - l) / 10;     //第 2 个区间，计算个位数之和
    solve(l / 10, r / 10);       //递归进入下一轮
}
int main ()
{
    ll l, r;                     //p 和 q 的值
    while (scanf("%lld%lld", &l, &r), l >=0 || r >=0) {
        ans=0;                   //初始化
        solve(l, r);
        printf("%lld\n", ans);
    }
    return 0;
}
```

3.3　结构体

在 C 语言中，可以使用结构体（Struct）将一组不同类型的数据组合在一起。结

构体的定义形式为："struct 结构体名 { 结构体所包含的变量或数组 };"。

【3.3.1　A Contesting Decision 】

对程序设计竞赛进行裁判是一项艰苦的工作，要面对要求严格的参赛选手，要做出乏味的决定，并要进行着单调的工作。不过，这其中也可以有很多的乐趣。

对于程序设计竞赛的裁判来说，用软件使评测过程自动化是一个很大的帮助，而一些比赛软件存在的不可靠也使人们希望比赛软件能够更好、更可用。你是竞赛管理软件开发团队中的一员。基于模块化设计原则，你所开发模块的功能是为参加程序设计竞赛的队伍计算分数并确定冠军。给出参赛队伍在比赛中的情况，确定比赛的冠军。

记分规则如下。

一支参赛队的记分由两个部分组成：第一部分是被解出的题数；第二部分是罚时，表示解题总的耗费时间和试题没有被解出前错误的提交所另加的罚时。对于每个被正确解出的试题，罚时等于该问题被解出的时间加上每次错误提交的 20 分钟罚时。在问题没有被解出前不加罚时。

因此，如果一支队伍在比赛 20 分钟的时候在第二次提交解出第 1 题，他们的罚时是 40 分钟。如果他们提交第 2 题 3 次，但没有解决这个问题，则没有罚时。如果他们在 120 分钟提交第 3 题，并一次解出的话，该题的罚时是 120 分。这样，该队的成绩是罚时 160 分，解出了两道试题。

冠军队是解出最多试题的队伍。如果两队在解题数上打成平手，那么罚时少的队是冠军队。

输入

程序评判的程序设计竞赛有 4 题。本题设定，在计算罚时后，不会导致队与队之间不分胜负的情况。

第 1 行为参赛队数 n。

第 2 ～ n+1 行为每个队的参赛情况。每行的格式为：

　　　　<Name> <p1Sub> <p1Time> <p2Sub > <p2Time> …<p4Time>

第一个元素是不含空格的队名。后面是对于 4 道试题的解题情况（该队对这一试题的提交次数和正确解出该题的时间（都是整数））。如果没有解出该题，则解题时间为 0。如果一道试题被解出，提交次数至少是一次。

输出

输出一行。给出优胜队的队名，解出题目的数量以及罚时。

样例输入	样例输出
4 Stars 2 20 5 0 4 190 3 220 Rockets 5 180 1 0 2 0 3 100 Penguins 1 15 3 120 1 300 4 0 Marsupials 9 0 3 100 2 220 3 80	Penguins 3 475

试题来源：ACM Mid-Atlantic 2003

在线测试：POJ 1581, ZOJ 1764, UVA 2832

试题解析

本题的参考程序用结构体表示参赛队信息，结构体 team_info 中包含参赛队名、4 道题提交次数、4 道题解题时间、解题数，以及总罚时。所有的参赛队则表示为一个结构体数组 team。

设冠军队的队名为 wname，解题数为 wsol，罚时为 wpt。

首先，依次读入每个队的队名 name 和 4 道题的提交次数 subi、解题时间 timei，并计算每个队的解题数和总罚时。

然后，依次处理完 n 个参赛队的信息，若当前队解题数最多，或虽同为目前最高解题数但罚时最少（(team[i].num > wsol) || (team[i].num == wsol && team[i].time < wpt)），则将当前队暂设为冠军队，记下队名、解题数和罚时。

在处理完 n 个参赛队的信息后，wname、wsol 和 wpt 就是问题的解。

参考程序

```cpp
#include <iostream>
#define maxn 30
#define maxs 1000
using namespace std;
struct team_info                    // 结构体：参赛队信息
{
    char name[maxn];                // 队名
    int subi[4];                    // 4 题提交次数
    int timei[4];                   // 4 题解题时间
    int num,time;                   // 解题数和总罚时
} team[maxs];                       // 参赛队结构体数组
int main()
{
    int n;                          // 参赛队数 n
    cin>>n;
```

```
        memset(team,0,sizeof(0));
        int i;
        for(i=0;i<n;i++)                // 输入 n 支参赛队的参赛情况，并计算解题数和总罚时
        {                               // 输入 n 支参赛队的参赛情况
            cin>>team[i].name;
            int j;
            for(j=0; j<4;j++)
                cin>>team[i].subi[j]>>team[i].timei[j];
            team[i].num=team[i].time=0;
            for(j=0; j<4;j++)           // 计算解题数和总罚时
                if(team[i].timei[j]>0)
                {
                    team[i].num+=1;
                    team[i].time+=team[i].timei[j]+(team[i].subi[j]-1)*20;
                }
        }
        char wname[maxn];               // 冠军队的队名
        int wsol=-1;                    // 冠军队的解题数
        int wpt=1000000000;             // 冠军队的总罚时
        for(i=0;i<n;i++)                // 计算冠军队
            if ((team[i].num>wsol) || (team[i].num==wsol && team[i].time<wpt))
            {
                wsol=team[i].num;
                wpt=team[i].time;
                strcpy(wname,team[i].name);
            }
        cout<<wname<<" "<<wsol<<" "<<wpt<<endl;
        return 0;
    }
```

日期由年、月、日来表示，平面坐标系由 *X* 坐标和 *Y* 坐标来表示，所以日期类型、坐标类型可以用结构体来表示。实验【3.3.2　Maya Calendar】和实验【3.3.3　Diplomatic License】分别用结构体存储日期类型和坐标类型。

【3.3.2　Maya Calendar】

上周末，M.A. Ya 教授对古老的玛雅有了一个重大发现。从一个古老的节绳（玛雅人用于记事的工具）中，教授发现玛雅人使用 Haab 历法，一年有 365 天。Haab 历法每年有 19 个月，在前 18 个月，每月有 20 天，月份的名字分别是 pop、no、zip、zotz、tzec、xul、yoxkin、mol、chen、yax、zac、ceh、mac、kankin、muan、pax、koyab、cumhu。这些月份中的日期用 0 ~ 19 表示；Haab 历的最后一个月叫作 uayet，它只有 5 天，用 0 ~ 4 表示。玛雅人认为这个日期最少的月份是不吉利的：在这个月，法庭不开庭，人们不从事交易，甚至不打扫房屋。

玛雅人还使用了另一个历法，这个历法中年被称为 Tzolkin 历法（holly 年），一

年被分成 13 个不同的时期，每个时期有 20 天，每一天用一个数字和一个单词相组合的形式来表示。使用的数字是 1 ～ 13，使用的单词共有 20 个，它们分别是 imix、ik、akbal、kan、chicchan、cimi、manik、lamat、muluk、ok、chuen、eb、ben、ix、mem、cib、caban、eznab、canac、ahau。注意，年中的每一天都有着明确唯一的描述，比如，在一年的开始，日期如下描述：1 imix, 2 ik, 3 akbal, 4 kan, 5 chicchan, 6 cimi, 7 manik, 8 lamat, 9 muluk, 10 ok, 11 chuen, 12 eb, 13 ben, 1 ix, 2 mem, 3 cib, 4 caban, 5 eznab, 6 canac, 7 ahau, 8 imix, 9 ik, 10 akbal……也就是说，数字和单词各自独立循环使用。

Haab 历和 Tzolkin 历中的年都用数字 0，1，…表示，数字 0 表示世界的开始。所以第一天被表示成：

Haab: 0. pop 0

Tzolkin: 1 imix 0

请你帮助 M.A. Ya 教授编写一个程序，把 Haab 历转换成 Tzolkin 历。

输入

Haab 历中的数据由如下的方式表示：

NumberOfTheDay. Month Year（日期 . 月份年数）

输入中的第一行表示要转化的 Haab 历日期的数据量。接下来的每一行表示一个日期，年数小于 5000。

输出

Tzolkin 历中的数据由如下的方式表示：

Number NameOfTheDay Year（天数字　天名称　年数）

第一行表示输出的日期数量。下面的每一行表示一个输入数据中对应的 Tzolkin 历中的日期。

样例输入	样例输出
3	3
10. zac 0	3 chuen 0
0. pop 0	1 imix 0
10. zac 1995	9 cimi 2801

试题来源：ACM Central Europe 1995

在线测试：POJ 1008, UVA 300

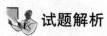

试题解析

在参考程序中，Haab 历和 Tzolkin 历的月份分别用字符串数组 haab 和 tzolkin 表示；而日期类型由年、月、日组成，用结构体 data 表示。

设 Haab 历的日期为 year 年 month 月 date 天，则这一日期从世界开始计起的天数 current。

对于第 current 天来说，Tzolkin 历的日期为 year 年的第 num 个时期内的第 word 天。由于 Tzolkin 历每年有 260 天（13 个时期，每时期 20 天），因此若 current% 260＝0，则表明该天是 Tzolkin 历中某年最后一天，即 year＝current/260－1，num＝13，word＝20 天；若 current % 260≠0，则 year＝current/260；num＝(current % 13＝＝0 ? 13 : current % 13)，word＝(current－1) % 20＋1。

参考程序

```cpp
#include <iostream>
#include <string>
using namespace std;
string haab[19]={"pop", "no", "zip", "zotz", "tzec", "xul", "yoxkin", "mol",
    "chen", "yax", "zac", "ceh", "mac", "kankin", "muan", "pax", "koyab", "cumhu",
    "uayet"};                                //Haab 历
string tzolkin[20]={"imix", "ik", "akbal", "kan", "chicchan", "cimi", "manik",
    "lamat", "muluk", "ok", "chuen", "eb", "ben", "ix", "mem", "cib", "caban",
    "eznab", "canac", "ahau"};               //Tzolkin 历
struct data
{
    int date;
    string month;
    int year;
};                                           //表示日期的结构体
void convert(data &x)
{
    long current;
    int i;
    for(i=0; i<20; ++i)                      //当前月份是 Haab 历的哪个月
        if(x.month==haab[i]) break;
    current=x.year*365+i*20+x.date+1;        //这一日期从世界开始计起的天数
    int num,year=0;                          //num 为输出中的数字，year 为输出中的年份
    string word;                             //word 为输出中日期的名字
    if(current%13==0)
        num=13;
    else
        num=current%13;
    while((current-260)>0)                   //Tzolkin 历一年 260 天
    {
        ++year;
        current-=260;
    }
```

```
    if(current==0)
        word="ahau";                   // 表示前一年的最后一天
    else
    {
        while((current-20)>0)
            current-=20;
        if(current==0)
            word="ahau";               // 表示前一个月的最后一天
        else
            word=tzolkin[current-1];
    }
    cout<<num<<" "<<word<<" "<<year<<endl;
}
int main()
{
    int i,n;
    char ch;                           // 用于存储输入中的点 (.)
    cin>>n;
    data *p=new data[n];
    for(i=0;i<n;++i)
        cin>>p[i].date>>ch>>p[i].month>>p[i].year;
    cout<<n<<endl;
    for(i=0;i<n;++i)
        convert(p[i]);
    return 0;
}
```

【3.3.3 Diplomatic License 】

为了尽量减少外交开支，世界各国讨论如下。每一个国家最多只与一个国家保持外交关系是不够的，因为世界上有两个以上的国家，有些国家不能通过（一连串的）外交官进行相互交流。

本题设定每个国家最多与另外两个国家保持外交关系。平等对待每个国家是一条不成文的外交惯例。因此，每个国家都与另外两个国家保持外交关系。

国际地形学家提出了一种适合这一需求的结构。他们将安排国家组成一个圈，使得每个国家都与其左右两个邻国建立外交关系。在现实世界中，一个国家的外交部是设在这个国家的首都。为了简单起见，本题设定，首都的位置是二维平面上的一个点。如果你用直线把保持外交关系的相关国家的外交部联起来，结果就是一个多边形。

现在，要为两个国家之间的双边外交会议设定地点。同样，出于外交原因，两国的外交官前往该地点的距离必须相等。为了提高效率，应尽量缩短行驶距离，请你为双边外交会议做好准备。

输入

输入给出若干测试用例。每个测试用例首先给出数字 n，表示涉及 n 个国家。本题设定 $n \geq 3$ 是一个奇数。然后，给出 n 对 x 和 y 坐标，表示外交部的位置。外交部的坐标是绝对值小于 10^{12} 的整数。国家的排列顺序与它们在输入中出现的顺序相同。此外，在列表中，第一个国家是最后一个国家的邻国。

输出

对于每个测试用例，首先输出测试用例中国家的数量（n），然后给出国家之间的双边外交会议地点位置的 x 和 y 坐标。输出的会议地点的顺序应与输入给出的顺序相同。从排在最前的两个国家的会议地点开始，一直到排在最后面的两个国家的会议地点，最后输出第 n 个国家和第一个国家的会议地点。

样例输入	样例输出
5 10 2 18 2 22 6 14 18 10 18	5 14.000000 2.000000 20.000000 4.000000 18.000000 12.000000 12.000000 18.000000 10.000000 10.000000
3 −4 6 −2 4 −2 6	3 −3.000000 5.000000 −2.000000 5.000000 −3.000000 6.000000
3 −8 12 4 8 6 12	3 −2.000000 10.000000 5.000000 10.000000 −1.000000 12.000000

提示：国家之间组成一个圈可以被视为一个多边形。

试题来源：Ulm Local 2002

在线测试：POJ 1939

试题解析

本题给出 n 个点的坐标，这 n 个点围成一个多边形，求这个多边形的 n 条边的中点坐标。最后一个中点坐标是输入的起点和终点的中点坐标。

用结构表示点的 x 和 y 坐标，由中点坐标公式给出两个相邻点的中点坐标。

参考程序

```
#include <iostream>
using namespace std;
struct Point
{    long long x, y;
} first, last, now;                    // x 和 y 坐标的结构体表示
int n;                                 // n 个国家
int main()
{
    while (scanf("%d", &n) !=EOF)      // 每次循环处理一个测试用例
    {
```

```
        printf("%d ", n);
        scanf("%lld%lld", &first.x, &first.y); // 起点的坐标
        now=first;
        for (int i=1; i < n; i++)                    // 使用中点坐标公式
        {        scanf("%lld%lld", &last.x, &last.y);
                printf("%.6f %.6f ", (last.x + now.x) / 2.0, (now.y + last.
                    y) / 2.0);
                now=last;
        }
        printf("%.6f %.6f ", (last.x + first.x) / 2.0, (last.y + first.y) /
            2.0);
        putchar('\n');
    }
    return 0;
}
```

3.4 指针

在程序设计语言中，指针是指内存地址，指针变量是用来存放内存地址的变量。

实验【3.4.1 "Accordian" Patience 】是将指针和结构体结合，构成线性表的链接存储结构。

线性表，就是通常所说的表格，是由相同类型的数据元素组成的有限、有序的集合，其特点是：线性表中元素的个数是有限的；线性表中元素是一个接一个有序排列的，除第一个数据元素外，每个数据元素都有一个前驱，除最后一个数据元素外，每个数据元素都有一个后继；所有的数据元素类型都相同；线性表可以是空表，即表中没有数据元素。

线性表的链接存储结构，以结构体表示数据元素的类型，以指针将数据元素一个接一个地链接起来。

【3.4.1   "Accordian" Patience 】

请你模拟 "Accordian" Patience 游戏，规则如下。

玩家将一副扑克牌一张一张地发牌，从左到右排成一排，不能重叠。只要一张扑克牌和左边的第一张牌或左边的第三张牌相匹配，就将这张扑克牌移到被匹配的牌的上面。所谓两张牌匹配是指这两张牌的数值（数字或字母）相同或花色相同。每当移了一张牌之后，就再检查看这张牌能否继续往左移，每次只能移在牌堆顶部的牌。本游戏可以将两个牌堆变成一个牌堆，如果根据规则，可以将右侧牌堆的牌一张一张地移到左侧牌堆，就可以变成一个牌堆。本游戏尽可能地把牌往左边移动。如果最后只有一个牌堆，玩家就赢了。

在游戏过程中，玩家可能会遇上一次可以有多种选择的情况。当两张牌都可以

被移动时，就移动最左边的牌。如果一张牌可以向左移动一个位置或向左移动三个位置，则将其移动三个位置。

输入

输入给出发牌的顺序。每个测试用例由一对行组成，每行给出 26 张牌，由单个空格字符分隔。输入文件的最后一行给出一个"#"作为其第一个字符。每张扑克牌用两个字符表示。第一个字符是面值（A＝Ace，2～9，T＝10，J＝Jack，Q＝Queen，K＝King），第二个字符是花色（C＝Clubs（梅花），D＝Diamonds（方块），H＝Hearts（红心），S＝Spades（黑桃））。

输出

对于输入中的每一对行（一副扑克牌的 52 张牌），输出一行，给出在对应的输入行进行游戏后，每一堆扑克牌中剩余的扑克牌的数量。

样例输入	样例输出
QD AD 8H 5S 3H 5H TC 4D JH KS 6H 8S JS AC AS 8D 2H QS TS 3S AH 4H TH TD 3C 6S 8C 7D 4C 4S 7S 9H 7C 5D 2S KD 2D QH JD 6D 9D JC 2C KH 3D QC 6C 9S KC 7H 9C 5C AC 2C 3C 4C 5C 6C 7C 8C 9C TC JC QC KC AD 2D 3D 4D 5D 6D 7D 8D TD 9D JD QD KD AH 2H 3H 4H 5H 6H 7H 8H 9H KH 6S QH TH AS 2S 3S 4S 5S JH 7S 8S 9S TS JS QS KS #	6 piles remaining: 40 8 1 1 1 1 1 piles remaining: 52

试题来源：New Zealand 1989
在线测试：UVA 127, POJ 1214

试题解析

本题给一副扑克牌，一共 52 张。首先，将扑克牌从左往右一张张地排列。然后从左往右遍历，如果该牌和左边第一张牌或左边第三张牌相匹配，那么就将这张牌移到被匹配的牌上，形成牌堆；每次只能移动每堆牌最上面的一张牌。两张牌匹配的条件是面值相同或者花色相同。每次移动一张牌后，还应检查牌堆，看有没有其他牌能往左移动；如果没有，遍历下一张牌，直到不能移动牌为止。最后，输出每一堆扑克牌中剩余的扑克牌的数量。

在参考程序中，扑克牌用带指针变量的结构体表示，其中两个字符变量 a 和 b 分别表示扑克牌的面值和花色，指针变量 pre 和 post 分别指向从左往右的顺序中的前一张牌和后一张牌，而指针变量 down 则指向所在牌堆的下一张牌。这副扑克牌表示为一个三相链表，每一个牌堆用线性链表表示，而在牌堆顶部的牌，其 pre 和 post 分别指向前一个牌堆顶部的牌和后一个牌堆顶部的牌。

本题根据题目给定的规则，模拟发牌和移动牌的过程。这里要注意，根据题意，应先比较左边第三张牌，然后，再比较左边第一张牌。

在参考程序中，由于频繁地调用线性链表的操作函数，所以，相关的函数被声明为内联函数（inline）。

参考程序

```
#include <stdio.h>
struct Node
{
    int size;                              // 为堆顶时的牌的张数
    Node *pre, *post;                      // 前后指针
    Node *down;                            // 牌堆下一张牌的指针
    char a, b;                             // 面值和花色
    Node () : pre(NULL), post(NULL), down(NULL), size(1) {}
};
inline void insertNode(Node *&m, Node *&n)    // 节点 n 替代节点 m
{
    n->post=m->post;
    n->pre=m->pre;
    if (m->post) m->post->pre=n;           // 如果节点 m 有前驱和后继
    if (m->pre) m->pre->post=n;
}
inline void takeoutNode(Node *&n)             // 节点 n 从堆顶取走
{
    if (n->down)                           // 如果牌堆中有下一张牌
    {
        Node *down=n->down;
        insertNode(n, down);
        return;
    }
    if (n->pre) n->pre->post=n->post;      // 如果节点 n 有前驱和后继
    if (n->post) n->post->pre=n->pre;
}
inline void inStackNode(Node *&m, Node *&n)   // 节点 n 放在节点 m 为堆顶的牌堆
{
    n->size=m->size+1;
    insertNode(m, n);
    n->down=m;
}
inline bool checkMovable(Node *n, Node *m)    // 检查节点 n 和节点 m 是否匹配
{
    return n->a==m->a || n->b==m->b;
```

```
    }
inline void pre3(Node *&n)              // 左边第三张
{
    if (n->pre) n=n->pre;
    if (n->pre) n=n->pre;
    if (n->pre) n=n->pre;
}
inline void pre1(Node *&n)              // 左边第一张
{
    if (n->pre) n=n->pre;
}
inline void deleteNodes(Node *&n)       // 删除操作，用于每个测试用例之后，释放空间
{
    while (n)
    {
        Node *p=n->post;
        while (n)
        {
            Node *d=n->down;
            delete n; n=NULL;
            n=d;
        }
        n=p;
    }
}
int main()
{
    Node *head=new Node;                // 虚拟头节点
    while (true)
    {
    Node *it=new Node;
    it->a=getchar();
    if (it->a=='#') break;
    it->b=getchar();
    getchar();
    head->post=it;                      // 链表初始化
    it->pre=head;
    for (int i=1; i < 52; i++)          // 当前测试用例，52 张牌构成线性链表
    {
        Node *p=new Node;
        p->a=getchar();
        p->b=getchar();
        getchar();
        it->post=p;
        p->pre=it;
        it=p;
    }
    bool checkMove=true;
    while (checkMove)                   // 移动牌规则
    {
```

```
        checkMove=false;
        it=head->post;
        while (it)
        {
            Node *post=it->post;
            Node *p=it;
            pre3(p);                          // 左边第三张牌是否匹配
            if (p && p !=head && checkMovable(p, it))
            {
                checkMove=true;
                takeoutNode(it);
                inStackNode(p, it);
                break;
            }
            p=it;
            pre1(p);                          // 左边第一张牌是否匹配
            if (p && p !=head && checkMovable(p, it))
            {
                checkMove=true;
                takeoutNode(it);
                inStackNode(p, it);
                break;
            }
            it=post;
        }                                     // while (it)
    }                                         // while (checkMove && piles > 1)
    it=head->post;
    int piles=0;
    while (it)                                // 游戏结束时的堆数
    {
        piles++;
        it=it->post;
    }
    if (piles==1) printf("%d pile remaining:", piles);   // 输出结果
    else printf("%d piles remaining:", piles);
    it=head->post;
    while (it)
    {
        printf(" %d", it->size);
        it=it->post;
    }
    putchar('\n');
    deleteNodes(head->post);                  // 删除链表，释放空间
    }                                         // while (true)
    delete head;
    return 0;
}
```

在实验【3.4.2　Broken Keyboard (a.k.a. Beiju Text)】的参考程序中，使用了数组模拟线性链表。

【3.4.2　Broken Keyboard (a.k.a. Beiju Text)】

你正在用一个坏键盘键入一个长文本。这个键盘的问题是 Home 键或 End 键会在你输入文本时时不时地被自动按下。你并没有意识到这个问题，因为你只关注文本，甚至没有打开显示器。完成键入后，你打开显示器，在屏幕上看到文本。在中文里，我们称之为悲剧。请你找到是悲剧的文本。

输入

输入给出若干测试用例。每个测试用例都是一行，包含至少一个、最多 100 000 个字母、下划线及两个特殊字符"["和"]"；其中"["表示 Home 键，而"]"表示 End 键。输入以 EOF 结束。

输出

对于每个测试用例，输出在屏幕上的悲剧的文本。

样例输入	样例输出
This_is_a_[Beiju]_text	BeijuThis_is_a__text
[[]][]Happy_Birthday_to_Tsinghua_University	Happy_Birthday_to_Tsinghua_University

试题来源：Rujia Liu's Present 3: A Data Structure Contest Celebrating the 100th Anniversary of Tsinghua University

在线测试：UVA 11988

试题解析

对于每个输入的字符串，如果出现"["，则输入光标就跳到字符串的最前面，如果出现"]"，则输入光标就跳到字符串的最后面。输出实际上显示在屏幕上的字符串。

将输入的字符串表示为链表，再输出。其中，每个字符为链表中的元素的数据，而指针指向按序输出的下一个元素。

用数组模拟链表：用数组 next 代替链表中的 next 指针，例如，第一个字符 $s[1]$ 的下一个字符是 $s[2]$，则 next[1]=2。此外，对于链表，第 0 个元素不存储数据，而是作为辅助头节点，第一个元素开始存储数据。

设置变量 cur 表示光标，cur 不是当前遍历到的位置 i，表示位置 i 的字符应该插入在 cur 的右侧。如果当前字符为"["，则光标 cur 就跳到字符串的最前面，即 cur=0；如果当前字符为"]"，则光标就跳到字符串的最后面，即 cur=last，其中变量 last 保存当前字符串最右端的下标。

程序根据试题描述给出的规则进行模拟。

参考程序

```cpp
#include <bits/stdc++.h>
using namespace std;
#define maxl 100005                    // 字符串最长长度
int main( )
{
    char s[maxl];                      // 输入的字符串
    while(~scanf("%s",s+1))            // 每次循环处理一个测试用例
    {
        int Next[maxl]={0};            // 链表初始化
        int cur=0, last=0;             // 指针变量 cur 和 last 如试题解析所述
        for (int i=1; s[i]; ++i)       // 逐个处理输入的字符串
        {
            if(s[i]=='[')    cur=0;    // ' [ ',光标就跳到字符串的最前面
            else if(s[i]==']')    cur=last;    // ' ] ',光标就跳到字符串的最后面
            else
            {
                Next[i]=Next[cur];     // 链表插入操作
                Next[cur]=i;
                if(cur==last)  last=i; // last 的更新
                cur=i;                 // cur 的更新
            }
        }
        for (int i=Next[0]; i !=0; i=Next[i])  // 输出
            if (s[i]!='['&&s[i]!=']')
                printf("%c",s[i]);
        printf("\n");
    }
    return 0;
}
```

第4章

数 学 计 算

本章在读者操练了编程结构的基础上，给出应用基本数学知识解决问题的实验，即在"输入－处理－输出"模式中，"处理"这一环节采用基本的数学知识解决问题。

4.1 几何初步

本节给出运用平面几何、立体几何和解析几何的知识，编程解决问题的实验。

【4.1.1 Satellites 】

地球的半径约为 6440 千米[⊖]。有许多人造卫星围绕着地球运行。如果两颗人造卫星对地球中心形成一个夹角，你能计算出这两颗人造卫星之间的距离吗？距离分别以圆弧距离（arc distance）和直线弦距离（chord distance）来表示。这两颗人造卫星是在同一轨道上（本题设定这两颗人造卫星在一条圆形路径而不是椭圆路径上，绕地球运行），如图 4.1-1 所示。

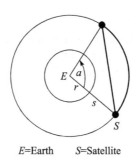

E=Earth   *S*=Satellite

图 4.1-1

输入

输入包含一个或多个测试用例。

每个测试用例一行，给出两个整数 s 和 a，以及一个字符串"min"或"deg"；其中 s 是人造卫星与地球表面的距离，a 是两颗人造卫星对地球中心的夹角，以分（'）或者以度（°）为单位。输入不会既给出分，又给出度。

输出

对于每个测试用例，输出一行，给出两颗卫星之间的圆弧距离和直线弦距离，

⊖ 原题如此。地球的半径约为 6371 千米。——编辑注

以千米为单位。距离是一个浮点数，保存小数点后 6 位数字。

样例输入	样例输出
500 30 deg	3633.775503 3592.408346
700 60 min	124.616509 124.614927
200 45 deg	5215.043805 5082.035982

试题来源： THE ROCKFORD PROGRAMMING CONTEST 2001
在线测试： UVA 10221

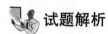 **试题解析**

角度的单位是度和分，绕圆一周为 360°，1° 可以再细分成 60′。已知圆心角的角度为 angle（以度为单位），0≤angle≤180°，半径为 r，圆弧距离 arc_dist 和直线弦距离 chord_dist 分别为：$\text{arc\_dist} = 2\pi \times r \times \dfrac{\text{angle}}{360}$，$\text{chord\_dist} = r \times \sin\left(\dfrac{\text{angle} \times \pi}{2 \times 180}\right) \times 2$。如果 angle 以分为单位，则 $\text{arc\_dist} = 2\pi \times r \times \dfrac{\text{angle}}{360 \times 60}$，$\text{chord\_dist} = r \times \sin\left(\dfrac{\text{angle} \times \pi}{2 \times 80 \times 60}\right) \times 2$。

对于本题，要注意给出的夹角大于 180° 的情况。

由于本题求解过程使用了三角函数 sin，在 C++ 中使用 sin，要加上 "#include <cmath>"。

参考程序

```cpp
#include<iostream>
#include<cmath>
using namespace std;
const double r=6440;                        // 地球半径
int main()
{
    double ss, as;                          // ss 为卫星与地球表面的距离,as 为两
                                            // 颗卫星对地球中心的夹角
    char s[10];                             // 保存 "min" 或 "deg"
    while(cin>>ss>>as>>s){
        if(s[0]=='m')
            as=as/60;                       // 分转换为度
        double angle=M_PI*as/180;
        double arc=angle*(ss+r);            // 圆弧距离
        double dis=2*(ss+r)*sin(angle/2);   // 直线弦距离
        if(as>180) arc=2*M_PI*(ss+r)-arc;   // 夹角大于 180° 的情况
        printf("%.6f %.6f\n",arc, dis);
    }
    return 0;
}
```

【4.1.2　Fourth Point !! 】

给出平行四边形中两条相邻边的端点的 (x, y) 坐标，请找到第 4 个端点的 (x, y) 坐标。

输入

输入的每行给出 8 个浮点数：首先，给出第一条边的一个端点和另一个端点的 (x, y) 坐标；然后，给出第二条边的一个端点和另一个端点的 (x, y) 坐标。所有的坐标均以米为单位，精确到毫米。所有的坐标的值都在 $-10\,000 \sim +10\,000$ 之间。输入以 EOF 终止。

输出

对于每行输入，输出平行四边形第 4 个端点的 (x, y) 坐标，以米为单位，精确到毫米，用一个空格隔开 x 和 y。

样例输入	样例输出
0.000 0.000 0.000 1.000 0.000 1.000 1.000 1.000	1.000 0.000
1.000 0.000 3.500 3.500 3.500 3.500 0.000 1.000	-2.500 -2.500
1.866 0.000 3.127 3.543 3.127 3.543 1.412 3.145	0.151 -0.398

试题来源：The World Final Warmup (Oriental) Contest 2002
在线测试：UVA 10242

试题解析

给出平行四边形中两条相邻边的端点坐标，求第 4 个端点的坐标。要注意的是，对于两条相邻边的端点坐标，会有两个端点的坐标是重复的，因此，要判定哪两个端点的坐标是重复的。

设给出的平行四边形中两条相邻边的端点坐标为 (x_0, y_0)、(x_1, y_1)、(x_2, y_2) 和 (x_3, y_3)，$(x_0, y_0) = (x_3, y_3)$，求第 4 个端点的坐标 (x_a, y_b)，则有 $x_a - x_2 = x_1 - x_0$，$y_a - y_2 = y_1 - y_0$，得 $x_a = x_2 + x_1 - x_0$，$y_a = y_2 + y_1 - y_0$。

在 C++ 参考程序中，使用了交换函数 swap。交换函数 swap 包含在命名空间 std 里面，使用 swap，不用担心交换变量精度的缺失，无须构造临时变量，也不会增加空间复杂度。

参考程序

```
#include <iostream>
using namespace std;
```

```
typedef struct
{
    double x, y;
}point;                                          //端点坐标
int main()
{
    point a, b, c, d, e;                         //a、b、c、d：相邻边的端点
    while ( ~scanf("%lf%lf%lf%lf",&a.x,&a.y,&b.x,&b.y) ) {
        scanf("%lf%lf%lf%lf",&c.x,&c.y,&d.x,&d.y);
        //调整，让b和c坐标相同
        if ( a.x==c.x && a.y==c.y )
            swap( a, b );
        if ( a.x==d.x && a.y==d.y ) {
            swap( a, b );swap( c, d );
        }
        if ( b.x==d.x && b.y==d.y )
            swap( c, d );
        e.x=a.x+d.x-c.x; e.y=a.y+d.y-c.y ;       //第4个端点的坐标
        printf("%.3lf %.3lf\n",e.x,e.y);
    }
    return 0;
}
```

【4.1.3　The Circumference of the Circle】

要计算圆的周长似乎是一件容易的事，只需知道圆的直径。但是，如果不知道呢？给出平面上 3 个非共线点的笛卡儿坐标，你的工作是计算与这 3 个点相交的唯一的圆的周长。

输入

输入包含一个或多个测试用例，每个测试用例一行，包含 6 个实数 x_1、y_1、x_2、y_2、x_3 和 y_3，表示 3 个点的坐标。由这 3 个点确定的直径不超过 1 000 000。输入以文件结束终止。

输出

对每个测试用例，输出一行，给出一个实数，表示 3 个点所确定圆的周长。输出的周长精确到两位小数。Pi 的值为 3.141 592 653 589 793。

样例输入	样例输出
0.0 −0.5 0.5 0.0 0.0 0.5	3.14
0.0 0.0 0.0 1.0 1.0 1.0	4.44
5.0 5.0 5.0 7.0 4.0 6.0	6.28
0.0 0.0 −1.0 7.0 7.0 7.0	31.42
50.0 50.0 50.0 70.0 40.0 60.0	62.83
0.0 0.0 10.0 0.0 20.0 1.0	632.24
0.0 −500000.0 500000.0 0.0 0.0 500000.0	3141592.65

试题来源：Ulm Local 1996

在线测试：POJ 2242, ZOJ 1090

试题解析

此题的关键是求出与这3个点相交的唯一圆的圆心。设3个点分别为 (x_0, y_0)、(x_1, y_1) 和 (x_2, y_2)，圆心为 (x_m, y_m)。本题采用初等几何知识解题。

设 $a=\overline{|AB|}$，$b=\overline{|BC|}$，$c=\overline{|CA|}$，$p=\dfrac{a+b+c}{2}$，根据海伦公式 $s=\sqrt{p(p-a)(p-b)(p-c)}$、三角形面积公式 $s=\dfrac{a\times b\times\sin(\angle ab)}{2}$ 和正弦定理 $\dfrac{a}{\sin(\angle bc)}=\dfrac{b}{\sin(\angle ac)}=\dfrac{c}{\sin(\angle ab)}=$ 外接圆直径 d，得出外接圆直径 $d=\dfrac{a\times b\times c}{2\times s}$ 和外接圆周长 $l=d\times\pi$。

参考程序

```c
#include<stdio.h>
#include<math.h>
#define PI 3.141592653589793
double length_of_side (double x1, double y1, double x2, double y2) // 求边长
{   double side;
    side=sqrt((x1-x2)*(x1-x2)+(y1-y2)*(y1-y2));
    return side;
}
double triangle_area (double side1, double side2, double side3) // 求三角形面积：海伦公式
{   double p=(side1+side2+side3)/2;
    double area=sqrt(p*(p-side1)*(p-side2)*(p-side3));
    return area;
}
double diameter (double s, double a, double b, double c) // 求直径
{   double diam;
    diam=a*b*c/2/s;
    return diam;
}
int main()
{   double x1, y1, x2, y2, x3, y3, side1, side2, side3,s,d;
    while((scanf("%lf %lf %lf %lf %lf %lf",&x1,&y1,&x2,&y2,&x3,&y3))!=EOF){
        side1=length_of_side (x1,y1,x2,y2);          // 三角形三条边的边长
        side2=length_of_side (x1,y1,x3,y3);
        side3=length_of_side (x2,y2,x3,y3);
        s=triangle_area (side1,side2,side3);         // 三角形面积
        d=diameter (s,side1,side2,side3);            // 外接圆直径
        printf("%.2lf\n",PI*d);                      // 外接圆周长
    }
```

```
    return 0;
}
```

【4.1.4　Titanic】

这是一个历史事件，在"泰坦尼克号"的传奇航程中，无线电已经接到了 6 封警告电报，报告了冰山的危险。每封电报都描述了冰山所在的位置。第 5 封警告电报被转给了船长。但那天晚上，第 6 封电报被延误，因为电报员没有注意到冰山的坐标已经非常接近当前船的位置。

请你编写一个程序，警告电报员冰山的危险！

输入

输入电报信息的格式如下：

```
Message #<n>.
Received at <HH>:<MM>:<SS>.
Current ship's coordinates are
<x1>^<x2>'<x3>" <NL/SL>
and <Y1>^<Y2>'<Y3>" <EL/WL>.
An iceberg was noticed at
<A1>^<A2>'<A3>" <NL/SL>
and <B1>^<B2>'<B3>" <EL/WL>.
===
```

这里的 <n> 是一个正整数，<HH>:<MM>:<SS> 是接收到电报的时间；<x1>^<x2>'<x3>" <NL/SL> 和 <Y1>^<Y2>'<Y3>" <EL/WL> 表示北（南）纬 $x1$ 度 $x2$ 分 $x3$ 秒和东（西）经 $Y1$ 度 $Y2$ 分 $Y3$ 秒。

输出

程序按如下格式输出消息：

```
The distance to the iceberg: <s> miles.
```

其中 <s> 是船和冰山之间的距离（即球面上船和冰山之间的最短路径），精确到两位小数。如果距离小于（但不等于）100 英里[⊖]，程序还要输出一行文字"DANGER!"。

样例输入	样例输出
Message #513. Received at 22:30:11. Current ship's coordinates are 41^46'00" NL and 50^14'00" WL. An iceberg was noticed at 41^14'11" NL and 51^09'00" WL. ===	The distance to the iceberg: 52.04 miles. DANGER!

⊖　1 英里 =1609.344 米。——编辑注

提示：

为了简化计算，假设地球是一个理想的球体，直径为 6875 英里[⊖]，完全覆盖着水。本题设定输入的每行按样例输入所显示的换行。船舶和冰山的活动范围在地理坐标上，即 0 ～ 90° 的北纬/南纬（NL/SL）和 0 ～ 180° 的东经/西经（EL/WL）。

试题来源： Ural Collegiate Programming Contest 1999

在线测试： POJ 2354，Ural 1030

试题解析

本题要求计算一个球体上两点之间的距离。可直接采用计算球体上距离的公式。如果距离小于 100 英里，则输出 "DANGER!"。

已知球体上两点 A 和 B 的纬度和经度分别为 (wA, jA) 和 (wB, jB)，计算 A 和 B 之间的距离公式为 dist(A, B)=R*arccos(cos(wA)*cos(wB)*cos(jA−jB)+sin(wA)*sin(wB))，其中 R 是球体的半径，默认 'N' 和 'E' 为正方向，'S' 和 'W' 为负方向。

本题对输入的处理相对麻烦，先把经纬度的度、分、秒转换为度，再根据东西经、南北纬取正负号。在计算距离时，度转换为弧度，然后根据球体上两点距离公式求船和冰山的距离。实现过程请参看参考程序。

参考程序

```cpp
#include <iostream>
#include <cmath>
using namespace std;
double dist( double l1, double d1, double l2, double d2 )      // 计算两点距离
{
    double r=6875.0/2;                                        // 地球半径
    double p=acos(-1.0);                                      // π
    l1 *=p/180; d1 *=p/180;                                   // 度转换为弧度
    l2 *=p/180; d2 *=p/180;
    return r*acos(cos(l1)*cos(l2)*cos(d1-d2)+sin(l1)*sin(l2)); // 距离
}
int main()
{
    char   temp[100];
    double d, m, s, l1, l2, d1, d2, dis;
    for ( int i=0 ; i < 9 ; ++ i )
        scanf("%s", temp);
    scanf("%lf^%lf'%lf\" %s", &d, &m, &s, temp);              // 船的位置
    l1=d+m/60+s/3600;                                         // 转换为度
```

⊖ 原题如此。地球的直径约为 7918 英里。——编辑注

```
if ( temp[0]=='S' )                              //负方向
    l1 *=-1;
scanf("%s",temp);
scanf("%lf^%lf'%lf\" %s.",&d,&m,&s,temp);
d1=d+m/60+s/3600;                                //转换为度
if ( temp[0]=='W' ) d1 *=-1;                     //负方向
for ( int i=0 ; i < 5 ; ++ i )
    scanf("%s",temp);
scanf("%lf^%lf'%lf\" %s", &d, &m, &s, temp);     //冰山的位置
l2=d+m/60+s/3600;
if ( temp[0]=='S' )
    l2 *=-1;
scanf("%s",temp);
scanf("%lf^%lf'%lf\" %s.",&d,&m,&s,temp);
d2=d+m/60+s/3600;
if ( temp[0]=='W' )
    d2 *=-1;
scanf("%s",temp);
dis=dist(l1,d1,l2,d2);                           //船和冰山的距离
printf("The distance to the iceberg: %.2lf miles.\n",dis);
if ( floor(dis+0.005) < 100 )                    //距离小于100英里
    printf("DANGER!\n");
return 0;
}
```

【4.1.5　Birthday Cake】

Lucy 和 Lily 是双胞胎，今天是她们的生日。妈妈给她们买了一个生日蛋糕。现在蛋糕被放在一个笛卡儿坐标系上，蛋糕的中心在 (0, 0)，蛋糕的半径长度是 100。

蛋糕上有 $2N$（N 为整数，$1 \leqslant N \leqslant 50$）个樱桃。妈妈要用刀把蛋糕切成两半（当然是直线）。双胞胎自然是要得到公平的对待，也就是说，蛋糕两半的形状必须相同（即直线必须穿过蛋糕的中心），而且每一半的蛋糕必须都有 N 个樱桃。你能帮助她吗？

这里要注意，樱桃的坐标 (x, y) 是两个整数。你要以两个整数 A、B（代表 $Ax+By=0$）的形式给出这条直线，A 和 B 在区间 $[-500, 500]$ 中。樱桃不能在直线上。对于每个测试用例，至少有一个解决方案。

输入

输入包含多个测试用例。每个测试用例由两部分组成：第一部分在一行中给出一个数字 N，第二部分由 $2N$ 行组成，每行有两个数字，表示 (x, y)。两个数字之间只有一个空格。输入以 $N=0$ 结束。

输出

对于每个测试用例，输出一行，给出两个数字 A 和 B，在两个数字之间有一个

空格。如果有多个解决方案，则只要输出其中一个即可。

样例输入	样例输出
2	0 1
−20 20	
−30 20	
−10 −50	
10 −5	
0	

试题来源：Randy Game-Programming Contest 2001A
在线测试：UVA 10167

试题解析

本题的第一行输入 N，表示蛋糕上有 $2N$ 个樱桃。接下来的 $2N$ 行每行给出一个樱桃的坐标，因为蛋糕是一个以原点为圆心、半径为 100 的圆，所以坐标值的范围是 $[-100, 100]$。本题的输出是一个直线方程 $Ax+By=0$ 的 A 和 B，范围是 $[-500, 500]$。

本题采取枚举方法，在 $[-500, 500]$ 的范围内枚举 A 和 B，将樱桃坐标代入直线方程 $Ax+By$。如果 $Ax+By$ 大于 0，则樱桃在直线上方；如果 $Ax+By$ 小于 0，则樱桃在直线下方；如果 $Ax+By$ 等于 0，则不允许，因为樱桃不能在直线上。枚举至产生第一个解。

参考程序

```
#include<iostream>
using namespace std;
const int N=50;
struct point {
    int x;
    int y;
};                                      // 樱桃的坐标
int main () {
    int num;                            // 樱桃 2*num 个
    int count;
    int left, right;                    // 直线上方和下方的樱桃数
    int find;                           // 找到解的标志
    int A=0 , B=0;                      // A 和 B 如题所述
    int w;
```

```
            point p[2 * N + 5];                          // 樱桃的坐标点
            while (cin >> num && num ) {
                left=right=0;
                find=0;
                for (count=0 ; count < num * 2 ; count++) {   // 输入樱桃的坐标
                    cin >> p[count].x;
                    cin >> p[count].y;
                }
                for (int i=-500 ; i < 500 ; i++) {    // 在 [-500, 500] 的范围内枚举
                    for (int j=-500 ; j < 500 ; j++) {
                        left=right=0;
                        if (i * j==0)
                            continue;
                        for (int k=0 ; k < count ; k++) {    // 枚举樱桃
                            if (p[k].x > 100 || p[k].y > 100 || p[k].x < -100 ||
                                p[k].y < -100)
                                continue;
                            if (p[k].x * i + p[k]. y *j==0) // 樱桃不能在直线上
                            break;
                            if (p[k].x * i + p[k].y * j > 0) // 樱桃在直线上方
                                left++;
                            else
                                right++;                     // 樱桃在直线下方
                        }
                        if (left==right && left + right==count){ // 枚举产生第一个解
                        A=i;
                        B=j;
                        find=1;
                        break;
                        }
                    }
                    if (find==1)
                        break;
                }
                cout << A << " " << B << endl;               // 输出解
            }
            return 0;
        }
```

【4.1.6 Is This Integration？】

在图 4.1-2 中，有一个正方形 $ABCD$，其中 $AB=BC=CD=DA=a$。以 4 个顶点 A、B、C、D 为圆心，以 a 为半径，画 4 个圆弧：以 A 为圆心的圆弧，从相邻顶点 B 开始，到相邻顶点 D 结束，所有其他的圆弧都以类似的方式画出。如图 4.1-2 所示，以这种方式在正方形中画出了 3 种不同形状的区域，每种区域用不同阴影表示。请计算不同阴影部分的总面积。

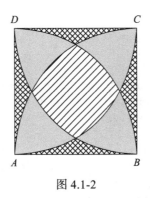

图 4.1-2

输入

输入的每一行都给出一个浮点数 a（$0 \leqslant a \leqslant 10\ 000$），表示正方形的边的长度。输入以 EOF 结束。

输出

对于每一行的输入，输出一行，给出 3 种不同阴影部分的总面积：给出 3 个保留小数点后 3 位的浮点数，第一个数字表示条纹区域的总面积，第二个数字表示星罗棋布区域的总面积，第三个数字表示其余区域的面积。

样例输入	样例输出
0.1	0.003 0.005 0.002
0.2	0.013 0.020 0.007
0.3	0.028 0.046 0.016

试题来源：Math & Number Theory Lovers' Contest 2001

在线测试：UVA 10209

试题解析

本题给出正方形的边长 a，要求计算三种不同阴影部分的总面积。如图 4.1-3 所示，做辅助线画一个等边三角形，并且 3 种不同阴影部分的面积分别用 x、y 和 z 表示。

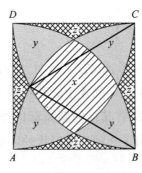

图 4.1-3

$x+4y+4z=a^2$（正方形的面积）；$x+3y+2z=\dfrac{\pi a^2}{4}$（四分之一圆面积）；而 z 的面积是正方形面积去掉等边三角形的面积和两个扇形的面积，其中扇形由正方形的边和等边三角形的边构成，而两个扇形的面积为六分之一圆面积，等边三角形面积为 $\dfrac{\sqrt{3}}{4}a^2$，即 $z=a^2-\dfrac{\sqrt{3}}{4}a^2-\dfrac{\pi}{6}a^2$。将 z 代入，得 $y=\left[\left(-1+\dfrac{\sqrt{3}}{2}\right)+\dfrac{\pi}{12}\right]a^2$，$x=\left(1-\sqrt{3}+\dfrac{\pi}{3}\right)a^2$。

参考程序

```cpp
#include<iostream>
#include<cmath>
using namespace std;
double a;                         // 正方形边长
const double pi=3.141592653589793;
int main()
{
    while (scanf("%lf",&a)!=EOF)      // 计算输出 3 种阴影部分的总面积
        printf("%.3lf %.3lf %.3lf\n", a*a*(1+pi/3-sqrt(3.0)), a*a*(pi/3+
            2*sqrt(3.0)-4), a*a*(-2*pi/3+4-sqrt(3.0)));
    return 0;
}
```

4.2　欧几里得算法和扩展的欧几里得算法

欧几里得算法用于计算整数 a 和 b 的最大公约数（Greatest Common Divisor，GCD）。整数 a 和 b 通过反复应用除运算直到余数为 0，最后的非 0 的余数就是它们的最大公约数。欧几里得算法如下：

$$\text{GCD}(a,b)=\begin{cases}b & a=0\\ \text{GCD}(b\bmod a,a) & \text{否则}\end{cases}=\begin{cases}a & b=0\\ \text{GCD}(b,a\bmod b) & \text{否则}\end{cases}$$

【4.2.1　Simple division】是基于欧几里得算法解决问题的实验。

【4.2.1　Simple division】

被除数 n 和除数 d 之间的整数除运算产生商 q 和余数 r。q 是最大化 $q\times d$ 的整数，使得 $q\times d\leqslant n$，并且 $r=n-q\times d$。

给出一组整数，存在一个整数 d，使得每个给出的整数除以 d，所得的余数相同。

输入

输入的每行给出一个由空格分隔的非零整数序列。每行的最后一个数字是 0，这

个 0 不属于这一序列。一个序列中至少有 2 个、至多有 1000 个数字，一个序列中的
数字并不都是相等的。输入的最后一行给出单个 0，程序不用处理该行。

输出

对于每一行输入，输出最大的整数，使得输入的每一个整数除以该数，余数
相同。

样例输入	样例输出
701 1059 1417 2312 0	179
14 23 17 32 122 0	3
14 −22 17 −31 −124 0	3
0	

试题来源：November 2002 Monthly Contest
在线测试：UVA 10407

试题解析

如果两个不同的数除以一个除数的余数相同，则这两个不同数的差值一定是除
数的倍数。利用差值枚举除数即可。

所以，本题的算法为：先求出原序列的一阶差分序列，然后求出所有非零元素
的 GCD。

参考程序

```cpp
#include <iostream>
using namespace std;
const int Maxn=1010;
int f[Maxn], n, Ans;
int GCD(int a, int b)                          // 求 GCD
{   if (b==0)
        return a;
    return GCD(b, a%b);
}
inline int Abs(int x)                          // 绝对值
{   return x>0? x: -x;   }
int main()
{
    while (true)
    {
        n=0;
        scanf("%d", &f[++n]);
```

```
        if (f[n]==0) break;                      // 输入的最后一行
        while (f[n]!=0) scanf("%d", &f[++n]);     // 非零整数序列
        n--;
        for (int i=1; i<n; i++)                   // 原序列的一阶差分序列
            f[i]=f[i]-f[i+1];
        Ans=f[1];
        for (int i=2; i<n; i++)                   // 求出所有非零元素的 GCD
            Ans=GCD(f[i]==0? Ans: f[i], Ans);
        printf("%d\n", Abs(Ans));
    }
    return 0;
}
```

给出不定方程 $ax+by=\text{GCD}(a, b)$，其中 a 和 b 是整数，扩展的欧几里得算法可以用于求解不定方程的整数根 (x, y)。

设 $ax_1+by_1=\text{GCD}(a, b)$，$bx_2+(a \bmod b)y_2=\text{GCD}(b, a \bmod b)$。因为 $\text{GCD}(a, b)=\text{GCD}(b, a \bmod b)$，$ax_1+by_1=bx_2+(a \bmod b)y_2$，又因为 $a \bmod b=a-\left\lfloor\dfrac{a}{b}\right\rfloor\times b$，$ax_1+by_1=bx_2+\left(a-\left\lfloor\dfrac{a}{b}\right\rfloor\times b\right)y_2=ay_2+b\left(x_2-\left\lfloor\dfrac{a}{b}\right\rfloor\times y_2\right)$，所以 $x_1=y_2$，$y_1=x_2-\left\lfloor\dfrac{a}{b}\right\rfloor\times y_2$。因此 (x_1, y_1) 基于 (x_2, y_2)。重复这一递归过程计算 (x_3, y_3)，(x_4, y_4)，$\cdots$，直到 $b=0$，此时 $x=1$，$y=0$。所以，扩展的欧几里得算法如下。

```
int exgcd(int a, int b, int &x, int &y)
{
    if (b==0) {x=1; y=0; return a;}
    int t=exgcd(b, a%b, x, y);
    int x0=x, y0=y;
    x=y0; y=x0-(a/b)*y0;
    return t;
}
```

【4.2.2　Euclid Problem 】

由欧几里得的辗转相除法可知，对于任何正整数 A 和 B，都存在整数 X 和 Y，使 $AX+BY=D$，其中 D 是 A 和 B 的最大公约数。本题要求对于给定的 A 和 B，找到对应的 X、Y 和 D。

输入

输入给出一些行，每行由空格隔开的整数 A 和 B 组成，$A, B < 1\,000\,000\,001$。

输出

对于每个输入行，输出一行，由三个用空格隔开的整数 X、Y 和 D 组成。如果有若干个满足条件的 X 和 Y，那么就输出 $|X|+|Y|$ 最小的那对。如果还是有若干个 X 和 Y 满足最小准则，则输出 $X \leqslant Y$ 的那一对。

样例输入	样例输出
4 6	−1 1 2
17 17	0 1 17

试题来源：Sergant Pepper's Lonely Programmers Club. Junior Contest 2001

在线测试：UVA 10104

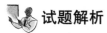 试题解析

本题直接采用扩展的欧几里得算法进行求解。

参考程序

```
#include <iostream>
using namespace std;
int exgcd(int a, int b, int &x, int &y)
{
    if (b==0) {x=1; y=0; return a;}
    int t=exgcd(b, a%b, x, y);
    int x0=x, y0=y;
    x=y0; y=x0-(a/b)*y0;
    return t;
}
int main()
{
    int a,b,d,x,y;
    while(scanf("%d%d",&a,&b)!=EOF)
    {
        d=exgcd(a,b,x,y);
        printf("%d %d %d\n",x,y,d);
    }
    return 0;
}
```

【4.2.3 Dead Fraction】是一个基于欧几里得算法解决问题的实验。

【4.2.3 Dead Fraction】

Mike 正在拼命地要抢在最后一分钟前完成他的论文。在接下来的三天里，他要把所有的研究笔记整理成有条理的形式。但是，他注意到他自己做的计算非常草率。每当他要做算术运算时，就使用计算器，并把他认为有意义的答案记下来。当计算器显示了一个重复的分数时，Mike 只记录前几个数字，后面跟着 "…"。例如，他可能写下 "0.3333…"，而不是 "1/3"。但现在，他的结果需要精确的分数。然而，

他没有时间重做每一次计算，所以需要你为他编写一个自动推导原始分数的程序，而且要快！

本题设定原始分数是相应于给出的数字序列的最简单的分数，也就是说，如果循环的部分有多种情形，就转化为分母最小的那一个分数。此外，本题设定 Mike 没有遗漏掉重要的数字，而且十进制扩展中循环部分的任何数字都没有被记录（即使循环部分都是零）。

输入

输入给出若干测试用例。对于每个测试用例，都有一行形如"0.dddd..."的输入，其中"dddd"是一个由 1 ~ 9 位数字组成的字符串，数字不能全部都为零。在最后一个测试用例后，给出包含 0 的一行。

输出

对于每个测试用例，输出原始分数。

样例输入	样例输出
0.2...	2/9
0.20...	1/5
0.474612399...	1186531/2500000
0	

提示：要注意到一个精确的小数有两个循环的展开式，例如，$1/5 = 0.2000... = 0.19999...$。

试题来源：Waterloo local 2003.09.27

在线测试：POJ 1930, UVA 10555

试题解析

本题要求将循环小数转化为分数，例如，$0.3333...$ 记为 $0.3...$，表示为分数 $\frac{1}{3}$。如果循环部分有多种情形，就转化为分母最小的那一个分数。例如，对于 $0.16...$，可以是最后一位 6 循环出现，表示为分数 $\frac{1}{6}$，也可以是 16 循环出现，表示为分数 $\frac{16}{99}$，分母最小的分数是 $\frac{1}{6}$。

例如，对于循环小数 $0.345\ 454\ 5...$，0.3 是非循环部分，而此后的循环节有 2 位数字，组成的整数是 45，则 $0.345\ 454\ 5... = 0.3 + 0.045\ 454\ 5... = \frac{3}{10} + \frac{45}{990} = \frac{3 \times (100 - 1) + 45}{990} = \frac{345 - 3}{990}$。

由上述分析，得出循环小数转化为分数的步骤。设循环小数有 n 个数字，其中，循环节有 k 个数字，在循环节前有 $n-k$ 个非循环数字。循环小数的 n 个数字组成整数 a，$n-k$ 个非循环数字组成整数 b。循环小数转化为分数的步骤如下。

分数的分母为 k 个 9，再补 $n-k$ 个 0，分数的分子为 $a-b$，计算分母与分子的最大公因数（GCD）为 g，分母和分子都除以 g，化为最简分数。

例如，对于 0.16…，最后一位 6 循环出现，所以循环小数有 2 个数字，其中，循环节有 1 个数字，在循环节前有 1 个非循环数字。循环小数的 n 个数字组成整数 16，非循环数字组成整数 1。所以，转化为分数 $\frac{16-1}{90}=\frac{15}{90}=\frac{1}{6}$。如果 0.16… 是 16 循环出现，则转化为分数 $\frac{16}{99}$。

对于本题，以字符串输入循环小数，将"0."之后的字符串转化为整数；然后，枚举循环节的长度，计算分子和分母；最后，输出分母最小的那一个分数。

参考程序

```c
#include<stdio.h>
#include<string.h>
long int Tpow[10];
long int gcd(long int a, long int b)        // 辗转相除法求 GCD
{
    if(b==0)
        return a;
    else
        return gcd(b,a%b);
}
void init(void)                             // 离线计算 10 的 n 次方，放入 Tpow 数组
{
    int i;
    Tpow[0]=1;
    for(i=1; i<10; i++)
        Tpow[i]=Tpow[i-1]*10;
}
int main(void)
{
    char str[200];                          // 循环小数
    long int ans, a, b, c, temp, mina, minb, t, i;
    init();
    while(~scanf("%s",str))
    {
        if(str[0]=='0'&&strlen(str)==1)
            break;
        ans=0;
```

```
            t=0;
            mina=-1; minb=-1;
            for(i=2; str[i]!='.'; i++)          // 把字符串转为整数，i从2开始，略去
                                                 // 前面的 "0."
            {
                    ans=ans*10+str[i]-'0';
                    t++;
            }
            for(i=t; i>0; i--)
            {
                    c=ans;
                    b=Tpow[t-i]*(Tpow[i]-1);     // 分母，i个9拼上t-i个0
                    c=c/Tpow[i];                 // 非循环数字
                    a=ans-c;                     // 分子
                    temp=gcd(a,b);               // 分子和父母的 GCD
                    if(b/temp<minb||mina==-1)    // 产生分母小，约分
                    {
                            mina=a/temp;
                            minb=b/temp;
                    }
            }
            printf("%d/%d\n",mina,minb);          // 输出结果
        }
    }
```

4.3 概率论初步

随机现象是指这样的客观现象：当人们观察它时，所得的结果不能预先确定，而只是多种可能结果中的一种。在自然界和人类社会中，存在着大量的随机现象。掷硬币就是最常见的随机现象，可能出现硬币的正面，也可能出现硬币的反面。概率论是研究随机现象数量规律的数学分支。例如，连续多次掷一枚均匀的硬币，随着投掷次数的增加，出现正面的概率即出现硬币正面的次数与投掷次数之比，逐渐稳定于 1/2。

本节给出概率论的编程实验。

【4.3.1 What is the Probability?】

概率一直是计算机算法中不可或缺的一部分。当确定性算法不能在短时间内解决一个问题时，就要用概率算法。在本题中，我们并不应用概率算法来解决问题，只是要确定某个玩家的获胜概率。

一个游戏是通过掷骰子一样的东西来玩的（并不设定它像普通骰子一样有六个面）。当一个玩家掷骰子时，如果某个预定情况发生（比如骰子显示 3 的一面朝上、绿色的一面朝上等），他就赢了。现在有 n 个玩家。因此，先是第一个玩家掷骰子，

然后是第二个玩家掷骰子，最后是第 n 个玩家掷骰子，下一轮，先是第一个玩家掷骰子，以此类推。当一个玩家掷骰子得到了预定的情况，他就被宣布为赢家，比赛终止。请确定其中一个玩家（第 I 个玩家）的获胜概率。

输入

输入首先给出一个整数 s（$s \leqslant 1000$），表示有多少个测试用例。接下来的 s 行给出 s 个测试用例。每行先给出一个整数 n（$n \leqslant 1000$），表示玩家人数；然后给出一个浮点数 p，表示单次掷骰子时成功事件发生的概率（如果成功事件是骰子显示 3 的一面朝上，则 p 是单次掷骰子时显示 3 的一面朝上的概率。对于普通骰子，显示 3 的一面朝上的概率是 1/6）；最后给出一个 i（$i \leqslant n$），表示要确定其获胜概率的玩家的序列号（序列号从 1 到 n）。本题设定，在输入中，没有无效的概率（p）值。

输出

对于每一个测试用例，在一行中输出第 i 个玩家获胜的概率。输出浮点数在小数点后总是有四位数字，如样例输出所示。

样例输入	样例输出
2	0.5455
2 0.166666 1	0.4545
2 0.166666 2	

试题来源：Bangladesh 2001 Programming Contest

在线测试：UVA 10056

试题解析

如果第 i 个玩家在第一轮赢，那么，在第 i 个玩家前的 $i-1$ 个玩家都没有赢，则第 i 个玩家在第一轮赢的概率为 $(1-p)^{i-1} \times p$；同理，如果第 i 个玩家在第二轮赢，则赢的概率为 $(1-p)^{n+i-1} \times p$；以此类推，如果第 i 个玩家在第 k 轮赢，则赢的概率为 $(1-p)^{n(k-1)+i-1} \times p$；所以，根据加法原理和等比数列求和公式，第 i 个玩家获胜的概率计算如下：

$$(1-p)^{i-1} \times p + (1-p)^{n+i-1} \times p + (1-p)^{2n+i-1} \times p + \cdots$$
$$= [(1-p)^{i-1} \times p] \times [1 + (1-p)^n + (1-p)^{2n} + \cdots]$$
$$= [(1-p)^{i-1} \times p] \times \frac{1}{1-(1-p)^n}$$

参考程序

```cpp
#include<cstdio>
using namespace std;
int main()
{
    int T, n, id;
    double p;                               //p：如题所述的概率
    scanf("%d", &T);                        //测试用例数
    while(T--)
    {
        scanf("%d%lf%d", &n, &p, &id);      //输入测试用例，变量含义如题所述
        double q=1-p;
        double tmp=q;
        for(int i=1; i<n; i++)
            tmp*=q;
        double a=1;
        for(int i=1; i<id; i++)
            a*=q;
        printf("%.4lf\n",p==0?0:p*a/(1-tmp)); //根据公式求解
    }
    return 0;
}
```

【4.3.2　Burger】

Clinton 夫妇的双胞胎儿子 Ben 和 Bill 过 10 岁生日，派对在纽约百老汇 202 号的麦当劳餐厅举行。派对有 20 个孩子参加，包括 Ben 和 Bill。Ronald McDonald 做了 10 个牛肉汉堡和 10 个芝士汉堡，当他为孩子们服务时，他先从坐在 Bill 左边的女孩开始，而 Ben 坐在 Bill 的右边。Ronald 掷一枚硬币决定这个女孩是吃牛肉汉堡还是芝士汉堡，硬币头像的一面是牛肉汉堡，反面则是芝士汉堡。在轮到 Ben 和 Bill 之前，Ronald 对其他 17 个孩子也重复了这一过程。当 Ronald 来到 Ben 面前时，他就不用再掷硬币了，因为没有芝士汉堡了，只有两个牛肉汉堡。

Ronald McDonald 对此感到非常惊讶，所以他想知道这类事情发生的概率有多大。对于上述过程，请你计算 Ben 和 Bill 吃同一种汉堡的概率。Ronald McDonald 总是烤制同样数量的牛肉汉堡和芝士汉堡。

输入

输入的第一行给出测试用例数 n，后面给出 n 行，每行给出一个在 $[2, 4, 6, \cdots, 1\,000\,00]$ 中的偶数，表示出席派对的人数，包括 Ben 和 Bill。

输出

输出 n 行，每行给出 Ben 和 Bill 得到相同类型汉堡的概率（精确到 4 位小数）。

注：由于四舍五入的差异，输出允许有 ±0.0001 的误差。

样例输入	样例输出
3	0.6250
6	0.7266
10	0.9500
256	

试题来源：ACM Northwestern European Regionals 1996
在线测试：UVA 557

 试题解析

如果 Ben 和 Bill 得到不一样的汉堡，也就是说，抛硬币要进行到最后，在这一过程中，每个人都要经历抛硬币决定吃哪种类型的汉堡。我们可以求 Ben 和 Bill 得到不一样汉堡的概率 p，然后 $1-p$ 即可。当派对有 $2i$ 个人时，概率 $p[i] = \dfrac{C(2i-2, i-1)}{2^{i-2}}$。

对于概率 $p[i]$，根据题目描述，数据范围是 $1 \leqslant i \leqslant 50\,000$，可以采用离线和递推来进行求解，$p[i]=1$，$p[i+1]=\dfrac{(2i-1) \times p[i]}{2i}$。

参考程序

```c
#include <stdio.h>
#include <string.h>
const int N=50000;                  // 题目描述给出的数据范围
double p[N];                        // 得到不一样汉堡的概率
void init() {                       // 离线和递推计算得到不一样汉堡的概率 p
    p[1]=1;
    for (int i=1; i < 50000; i++)
        p[i + 1]=p[i] * (2 * i - 1) / (2 * i);
}
int main () {
    init();                         // 离线计算
    int cas, n;
    scanf("%d", &cas);              // 测试用例数
    while (cas--) {
        scanf("%d", &n);
        printf("%.4lf\n", 1 - p[n / 2]); // 根据当前测试用例，直接代入
    }
    return 0;
}
```

【4.3.3　Tribles】

你有 k 只麻球，每只麻球只活一天就会死亡。一只麻球在死亡之前可能会生下一些新的小麻球，生下 i 个麻球的概率为 P_i。给出 m，求 m 天后所有麻球都死亡的概率。

输入

输入的第一行给出测试用例的数量 N，接下来给出 N 个测试用例。每个测试用例的第一行给出 n（$1 \leqslant n \leqslant 1000$）、$k$（$0 \leqslant k \leqslant 1000$）和 m（$0 \leqslant m \leqslant 1000$），接下来的 n 行将给出概率 $P_0, P_1, \cdots, P_{n-1}$。

输出

对于每个测试用例，输出一行，首先输出"case#x:"，然后输出答案，绝对或相对误差修正到 10^{-6}。

样例输入	样例输出
4	Case #1: 0.3300000
3 1 1	Case #2: 0.4781370
0.33	Case #3: 0.6250000
0.34	Case #4: 0.3164062
0.33	
3 1 2	
0.33	
0.34	
0.33	
3 1 2	
0.5	
0.0	
0.5	
4 2 2	
0.5	
0.0	
0.0	
0.5	

试题来源：ACM-ICPC World Finals Warmup 3, 2006
在线测试：UVA 11021

试题解析

每只麻球只活一天，而在死前它可能会生下 $[0, n]$ 个新的麻球，生下 i 个麻球的概率为 p_i。要求计算出 m 天后所有麻球都死亡的概率（包括在第 m 天前死亡的）。

有 k 只麻球，每只麻球的后代是独立存活的，所以如果某只麻球及其后代死亡的概率是 P，那么 k 只麻球及其后代全部死亡的概率是 P^k。

设 $f(x)$ 为一只麻球及其后代在 x 天后全部死亡的概率，则 $f(i)=P_0+P_1f(i-1)+P_2f(i-1)^2+\cdots+P_{n-1}f(i-1)^{n-1}$。所以，$m$ 天后所有麻球都死亡的概率是 $f(m)^k$。

参考程序

```
#include<bits/stdc++.h>
using namespace std;
int n, k, m, T;                       //T 为测试用例数，n、k 和 m 的含义如题所述
double f[1005], p[1005];              //f 和 p 如解析所述
int main()
{
    scanf("%d", &T);                  //输入测试用例数
    for(int h=1;h<=T;++h)
    {
        scanf("%d%d%d",&n, &k, &m);   //输入测试用例
        for(int i=0;i<n;++i)
            scanf("%lf",&p[i]);
        f[1]=p[0];
        for(int i=2;i<=m;++i)         //递推求解
        {
            f[i]=0;
            for(int j=0;j<n;++j)
                f[i]+=p[j]*pow(f[i-1],j);
        }
        printf("Case #%d: %.7lf\n",h,pow(f[m],k));   //输出结果
    }
    return 0;
}
```

【4.3.4 Coin Toss】

有一个流行的狂欢节游戏，一枚硬币被抛到一张桌子上，而在桌子上有一个被方砖以网格的形式所覆盖的网格区域。游戏奖品取决于硬币在静止的时候所盖到的方砖数量：盖到的方砖越多，奖品就越好。图 4.3-1 给出了 5 种抛硬币的情况。

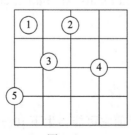

图 4.3-1

在上述实例中：

● 硬币 1 盖到 1 块方砖；

- 硬币 2 盖到 2 块方砖；
- 硬币 3 盖到 3 块方砖；
- 硬币 4 盖到 4 块方砖；
- 硬币 5 盖到 2 块方砖。

这里要说明的是，硬币落在网格区域的边界线上也是可以接受的（比如硬币 5 的情况）。所谓一枚硬币盖到一块方砖，就是硬币要盖住方砖的一部分面积；也就是说，硬币仅仅和方砖的边界线相切是不够的。硬币的圆心可以在网格区域中的任何一点，概率都是一样的。本题设定：硬币总是平放在桌上的；玩家可以保证硬币的圆心总是在网格区域内或在网格的边界线上。

一枚硬币盖到方砖数量的概率取决于方砖和硬币的大小，以及网格区域内方砖的行数和列数。在本题中，请你编写一个程序来计算一枚硬币盖到不同数量方砖的概率。

输入

输入的第一行是一个整数，表示测试用例数。对于每个测试用例，在一行中给出 4 个用空格隔开的整数 m、n、t 和 c，其中，网格区域由 m 行和 n 列方砖组成，方砖每条边的边长为 t，硬币的直径为 c。本题设定 $1 \leqslant m$，$n \leqslant 5000$，$1 \leqslant c < t \leqslant 1000$。

输出

对于每个测试用例，在一行中输出测试用例的编号。然后给出 1 枚硬币盖到 1 块、2 块、3 块和 4 块方砖的概率。概率表示为四舍五入到小数点后 4 位的百分数。使用样例输出中给出的格式。请你使用双精度浮点数来执行计算。输出"负零"（Negative Zero）时，不输出负号。

在连续输出的测试用例之间用空行分隔。

样例输入	样例输出
3 5 5 10 3 7 4 25 20 10 10 10 4	Case 1: Probability of covering 1 tile=57.7600% Probability of covering 2 tiles=36.4800% Probability of covering 3 tiles=1.2361% Probability of covering 4 tiles=4.5239% Case 2: Probability of covering 1 tile=12.5714% Probability of covering 2 tiles=46.2857% Probability of covering 3 tiles=8.8293% Probability of covering 4 tiles=32.3135% Case 3: Probability of covering 1 tile=40.9600% Probability of covering 2 tiles=46.0800% Probability of covering 3 tiles=2.7812% Probability of covering 4 tiles=10.1788%

试题来源：ACM Rocky Mountain 2007

在线测试：POJ 3440

试题解析

对于本题，因为硬币的圆心可以在网格区域中的任何一点，概率都是一样的，所以我们将硬币视为圆心一点，考虑硬币的圆心位置与硬币所盖到的方砖数目的关系，计算硬币盖到不同数目方砖的情况的面积。而硬币盖到不同数目方砖的情况，如图4.3-1所示。

硬币盖到2块方砖，如图4.3-1中的硬币2和硬币5所示，有两种情况：

1）硬币2的情况。对于网格区域的每条两个方砖相接的内部边界线，硬币要在这些边界线上，但不能在边界线的两端和其他方砖相接。内部纵向边界线有 $m(n-1)$ 条，内部横向边界线有 $n(m-1)$ 条，所以，一共有 $2\times m\times n-n-m$ 条内部边界线；对于每条内部边界线，硬币能够盖到2个方格，其圆心所能在的位置的面积为 $c\times(t-c)$；因此，硬币的圆心所能在的位置的面积为 $c\times(t-c)\times(2\times m\times n-n-m)$。

2）硬币5的情况。硬币覆盖两个边界方砖和网格边界线，两个边界方砖和网格边界线的交点一共有 $2\times n+2\times m-4$ 个；对于每个交点，硬币的圆心能在的位置所覆盖的面积为 $c\times(c/2)$；因此，硬币的圆心所能在的位置的面积为 $c\times(c/2)\times(2\times n+2\times m-4)$。

硬币盖到3块方砖或4块方砖，如图4.3-1中硬币3和硬币4的情况所示，在网格区域中，一共有 $(m-1)\times(n-1)$ 个内部交叉点，所以有 $(m-1)\times(n-1)$ 个区域可以放置硬币，而每个区域的硬币的圆心能在的位置所覆盖的面积为 c^2。当交叉点到硬币圆心的距离小于硬币半径时，硬币盖到4块方砖，硬币的圆心能在的位置所覆盖的面积是 $\pi c^2/4$。所以，硬币盖到4块方砖，其圆心所在的位置的总面积是 $(m-1)\times(n-1)\times\pi c^2/4$；而硬币盖到3块方砖的总面积是 $(m-1)\times(n-1)\times c^2-(m-1)\times(n-1)\times\pi c^2/4$。

硬币盖到1块方砖的面积是网格的总面积（$n\times m\times t^2$）减去硬币盖到2块方砖、3块方砖和4块方砖的面积。

由此，根据1枚硬币盖到1块、2块、3块和4块方砖时，其圆心所在位置覆盖的面积为分子，网格的总面积为分母，计算1枚硬币盖到1块、2块、3块和4块方砖的概率。

此外，由于 $c<t$，本题不用考虑"负零"的情况；所谓负零，是指当一个浮点数运算产生了一个无限接近0并且没有办法正常表示出来的负浮点数，就产生负零。

如果要考虑负零，则如参考程序所示，在计算 1 枚硬币盖到 1 块方砖，其圆心所在位置覆盖的面积 s1 之后，加一句 "s1=max(s1, 0.0);"。

参考程序

```cpp
#include <cstdio>
#include <cmath>
#include <algorithm>
using namespace std;
const double PI=acos(-1.0);
int main()
{
    double m, n, c, t;                      //m、n、t 和 c 的含义如题目描述
    int T;                                  // 测试用例数
    scanf("%d", &T);
    for(int cas=1 ; cas <=T ; cas++) {      // 一次循环处理一个测试用例
        scanf("%lf%lf%lf%lf", &m, &n, &t, &c);
        double sum=n * m * t * t;           // 网格的总面积
        double s2=c * (t - c) * (2 * m * n - n - m) + c * (c / 2) * (2 * n +
            2 * m - 4);                     // 盖到 2 块
        double s4=PI * c * c / 4.0 * (m - 1) * (n - 1); // 盖到 4 块
        double s3=(m - 1) * (n - 1) * c * c - s4;       // 盖到 3 块
        double s1=sum - s2 - s3 - s4;       // 盖到 1 块
        // s1=max(s1, 0.0); 考虑负零
        printf("Case %d:\n", cas);
        printf("Probability of covering 1 tile=%.4f%\n", s1 / sum * 100);
        printf("Probability of covering 2 tiles=%.4f%\n", s2 / sum * 100);
        printf("Probability of covering 3 tiles=%.4f%\n", s3 / sum * 100);
        printf("Probability of covering 4 tiles=%.4f%\n", s4 / sum * 100);
        if(cas !=T) puts("");
    }
    return 0;
}
```

4.4 微积分初步

本节给出基于微积分导数的知识，编程解决问题的实验。

【4.4.1 498-bis 】

在 "在线测试试题集文档" 中，有一道非常有趣的试题，编号为 498，题目名称为 "Polly the Polynomial"。坦率地说，我没有去解这道试题，但我从这道试题衍生出了本题。

试题 498 的目的是 "……设计这一试题是帮助你掌握基本的代数技能，等等"。

本题的目的也是帮助你掌握基本的求导代数技能。

试题 498 要求计算多项式 $a_0x^n + a_1x^{n-1} + \cdots + a_{n-1}x + a_n$ 的值。

本题则要求计算该多项式的导数的值，对该多项式求导，得到的多项式是 $a_0nx^{n-1} + a_1(n-1)x^{n-2} + \cdots + a_{n-1}$。

本题的所有输入和输出都是整数，也就是说，其绝对值小于 2^{31}。

输入

程序输入偶数行的文本。每两行为一个测试用例；其中，第一行给出一个整数，表示 x 的值；第二行则给出一个整数序列 $a_0, a_1, \cdots, a_{n-1}, a_n$，表示一组多项式系数。

输入以 EOF 终止。

输出

对于每个测试用例，将给出的 x 代入求导后的多项式，并将多项式的值在一行中输出。

样例输入	样例输出
7	1
1 −1	5
2	
1 1 1	

试题来源：The Joint Open Contest of Gizycko Private Higher Education Intsitute Karolex and Brest State University, 2002

在线测试：UVA 10268

试题解析

本题要求计算多项式的导数值。

参考程序

```cpp
#include <cstdlib>
#include <cstring>
#include <cstdio>
using namespace std;
int main()
{
    int x, a, temp;
    while (scanf("%d",&x) !=EOF) {      // 每次循环处理一个测试用例
        getchar();
        temp=getchar();
```

```
    int sum=0, ans=0;                      // ans：多项式求导的导数值
    while (temp !='\n' && temp !=EOF) {
        if (temp=='-' || temp >='0' && temp <='9') {
            ungetc(temp, stdin);
            scanf("%d",&a);
            ans=ans * x + sum;          // 递推求解
            sum=sum * x + a;
        }
        temp=getchar();
    }
    printf("%d\n",ans);
    }
    return 0;
}
```

【4.4.2 Necklace】

某个部落的人用一些稀有的黏土制作直径相等的陶瓷圆环。项链由一个或多个圆环连接而成。图 4.4-1 显示了一条由 4 个圆环制成的项链，它的长度是每个圆盘直径的 4 倍。

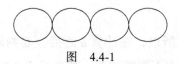

图　4.4-1

每个圆环的厚度是固定的。直径 D 和黏土体积 V 具有以下关系：

$$D = \begin{cases} 0.3\sqrt{V-V_0} & V > V_0 \\ 0 & V \leqslant V_0 \end{cases}$$

其中，V_0 是在黏土烘烤过程中被损耗掉的体积，单位和 V 一样。如果 $V \leqslant V_0$，就不能制作陶瓷圆环。例如，如果 $V_{total}=10$，$V_0=1$。如果我们用它做一个圆环，$V=V_{total}=10$，$D=0.9$。将黏土分为两部分，每部分体积 $V=V_{total}/2=5$，则形成的每个圆环直径 $D'=0.3\sqrt{5-1}=0.6$，这样形成的项链长度为 1.2。

由上面的例子可知，项链的长度随着圆环数量的变化而不同。请你编写一个程序，计算出可以做的圆环的数量，使得形成的项链是最长的。

输入

输入的每行包含两个数字，V_{total}（$0 < V_{total} \leqslant 60\,000$）和 V_0（$0 < V_0 \leqslant 600$），其含义如上所述。输入以 $V_{total}=V_0=0$ 结束。

输出

输出的每行给出可以制作圆环的数量，使得形成的项链是最长的。如果这一数字不唯一，或者根本无法形成项链，则输出"0"。

样例输入	样例输出
10 1	5
10 2	0
0 0	

在线测试：UVA 11001

试题解析

设黏土被分成 n 份，则项链的长度为 $n \times D$，$f(n) = n \times D = n \times 0.3\sqrt{\dfrac{V_{total}}{n} - V_0}$。由于根号运算会有一定的误差，所以，考虑消除根号，$\dfrac{f(n)}{0.3} = n \times \sqrt{\dfrac{V_{total}}{n} - V_0}$，得新的方程式 $g(n) = \left(\dfrac{f(n)}{0.3}\right)^2 = n^2 \times \left(\dfrac{V_{total}}{n} - V_0\right) = n \times V_{total} - n^2 \times V_0$。经过上述过程，所要求的答案成为使 $g(n)$ 最大的 n 值。

对 $g(n)$ 求导，$g'(n) = V_{total} - 2nV_0$。在导函数 $g'(n)$ 为 0 时，$g(n)$ 有极值。所以，$n = \dfrac{V_{total}}{2 \times V_0}$。

由于份数必须是整数，所以，在计算 n 之后，要判断最接近 n 的整数。如参考程序中所示，计算 n 和对 n 向下取整的差，如果等于 0.5，表示有两个整数解，输出 0；如果等于 0.5，则输出 n 向下取整的值；否则输出 n 向上取整的值。

参考程序

```c
#include <stdio.h>
#include <stdlib.h>
int main( )
{
    double Vt, V0;                                  // 表示 Vtotal 和 V0
    while (~scanf("%lf%lf",&Vt,&V0) && Vt+V0) {
        if (Vt <=V0) {                              // Vtotal ≤ V0，输出 0
            printf("0\n");
        }else if (Vt <=2*V0) {                      // Vtotal ≤ 2V0，输出 1
            printf("1\n");
        }else {                                     // 判断最接近 n 的整数
            if (0.5*Vt/V0 - (int)(0.5*Vt/V0)==0.5) {  // 两个整数解
                printf("0\n");
            }else if (0.5*Vt/V0 - (int)(0.5*Vt/V0) < 0.5){  // n 向下取整
                printf("%d\n",(int)(0.5*Vt/V0));
            }else {                                 // n 向上取整
                printf("%d\n",(int)(0.5*Vt/V0)+1);
            }
```

```
        }
    }
    return 0;
}
```

【4.4.3　Bode Plot 】

考虑图 4.4-2 给出的交流电路。本题设定电路处于稳态。因此，在节点 1 和节点 2 处的电压分别由公式 $v_1=V_S\cos\omega t$ 和 $v_2=V_R\cos(\omega t+\theta)$ 给出，其中 V_S 是电源的电压，ω 是角频率（以弧度 / 秒为单位），t 是时间，V_R 是电阻 R 两端电压下降的幅度，θ 是它的相位。

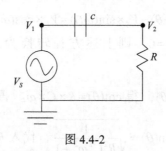

图 4.4-2

请编写一个程序，确定不同的 ω 的值对应的 V_R 值。你需要两个电学定律来解决这个问题。第一个是欧姆定律，$v_2=i\times R$，其中 i 是在电路顺时针流向的电流大小。第二个是 $i=C\times d/dt(v_1-v_2))$，i 与电容器两板上的电压有关，"$d/dt(v_1-v_2)$"意为对 (v_1-v_2) 关于 t 进行求导。

输入

输入将由一行或多行组成。第一行包含三个实数和一个非负整数，实数按顺序是 V_S、R 和 C，整数 n 是测试用例的数量。接下来的 n 行输入，每行一个实数，代表角频率 ω 的值。

输出

对于输入中的每个角频率，在一行输出其对应的 V_R。每个 V_R 的值输出应四舍五入到小数点后的三位数。

样例输入	样例输出
1.0 1.0 1.0 9	0.010
0.01	0.032
0.031623	0.100
0.1	0.302
0.31623	0.707
1.0	0.953
3.1623	0.995
10.0	1.000
31.623	1.000
100.0	

试题来源： ACM Greater New York 2001

在线测试： POJ 1045, UVA 2284

试题解析

由欧姆定律 $v_2=i\times R$ 和 $v_2=V_R\times\cos(\omega t+\theta)$，得 $i\times R=V_R\times\cos(\omega t+\theta)$，再由 $i=C\times$ $\mathrm{d}(v_1-v_2)/\mathrm{d}t$，以及 $v_1=V_S\times\cos(\omega t)$ 和 $v_2=V_R\times\cos(\omega t+\theta)$，得方程：$R\times C\times\mathrm{d}(V_S\times\cos(\omega t)-V_R\times\cos(\omega t+\theta))/\mathrm{d}t=V_R\times\cos(\omega t+\theta)$；由求导公式 $\mathrm{d}(\cos(x))/\mathrm{d}x=-\sin(x)$，则上述方程转化为：$R\times C\times\omega\times(V_R\times\sin(\omega t+\theta)-V_S\times\sin(\omega t))=V_R\times\cos(\omega t+\theta)$。

如果 $\omega t+\theta=0$，或者 $\omega t=0$，则上述方程转换为：$R\times C\times\omega\times V_S\times\sin(\theta)=V_R$ 和 $R\times C\times\omega\times\sin(\theta)=\cos(\theta)$。

由 $R\times C\times\omega\times\sin(\theta)=\cos(\theta)$，得 $\cot(\theta)=R\times C\times\omega$。再由 $\sin^2(\theta)=\dfrac{1}{\cot^2(\theta)+1}$，得 $\sin(\theta)=\sqrt{\dfrac{1}{\cot^2(\theta)+1}}$，所以 $\sin(\theta)=\sqrt{\dfrac{1}{R^2C^2\omega^2+1}}$，代入 $R\times C\times\omega\times V_S\times\sin(\theta)=V_R$，得 $V_R=R\times C\times\omega\times V_S\times\sqrt{\dfrac{1}{R^2C^2\omega^2+1}}$。

参考程序

```c
#include <stdio.h>
#include <math.h>
int main()
{
    int i, n;                               // n 是测试用例的数量
    double VR, VS, R, C, w;                 // 如试题描述
    scanf("%lf%lf%lf%d", &VS, &R, &C, &n);  // 如试题描述，输入的第一行
    for (i=0; i<n; i++)
    {
        scanf("%lf", &w);                   // 角频率 ω 的值
        VR=C*R*w*VS / sqrt(1+C*C*R*R*w*w);  // 根据公式求 VR
        printf("%.3lf\n", VR);
    }
    return 0;
}
```

【4.4.4　The Largest/Smallest Box ... 】

在图 4.4-3 中，你看到一张矩形卡片。卡片宽度为 W，长度为 L，厚度为 0。从卡片的四个角剪下四个（$x\times x$）的正方形，用黑色虚线表示；然后，卡片沿着虚线折

叠起来，做成一个没有盖子的盒子。

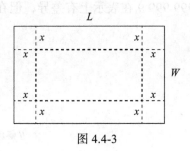

图 4.4-3

本题给出矩形卡片的宽度和长度，请计算使盒子有最大和最小体积的 x 值。

输入

输入有若干行。每行给出两个正浮点数 L（$0<L<10\ 000$）和 W（$0<W<10\ 000$），分别表示矩形卡片的长度和宽度。

输出

对于每一行输入，程序输出一行，给出用一个空格隔开的两个或多个浮点数，浮点数应在小数点后包含三位数字。第一个浮点数表示使得盒子体积最大的 x 的值，接下来的值（按升序排序）表示使得盒子体积最小的 x 的值。

样例输入	样例输出
1 1	0.167 0.000 0.500
2 2	0.333 0.000 1.000
3 3	0.500 0.000 1.500

试题来源：Math & Number Theory Lovers' Contest, 2001
在线测试：UVA 10215

试题解析

如题所述，将卡片沿着虚线折叠起来，做成一个没有盖子的盒子。设盒子的体积为 $f(x)$，则 $f(x)=x\times(L-2x)\times(W-2x)=4x^3-2(L+W)x^2+LWx$。

因为 $f(x)\geqslant0$，所以盒子的体积最小值为 0，即 $x=0$ 或者 $x=\min(L/2,\ W/2)$，并且 x 的取值范围是 $[0,\ \min(L/2,\ W/2)]$

计算体积最大值所对应的 x 的值，就是对体积 $f(x)$ 求导，计算 $f'(x)$ 为 0 时较小的 x 的值。$f'(x)=12x^2-4(L+W)x+LW$，则 $x=\dfrac{4(L+W)-\sqrt{16(L+W)^2-4\times12\times LW}}{2\times12}$，即 $x=\dfrac{(L+W)-\sqrt{L^2-LW+W^2}}{6}$。

本题加一个极小数 1e-8 解决精度表示问题。有些测试数据恰好位于进位的边界上，例如 2.000 000 0 和 1.999 999 9 在表示上有差异，但在数值上却是接近的。

参考程序

```cpp
#include <cstdio>
#include <cmath>
double esp=1e-8;                              // 解决精度表示问题
int main()
{
    double L, W, x;                           // L、W、x如题目描述
    while (~scanf("%lf%lf",&L,&W))  {
        x=(L+W-sqrt(L*L-L*W+W*W))/6.0+esp;    // 按公式计算 x
        printf("%.3lf 0.000 %.3lf\n",x,esp+(W<L?0.5*W:0.5*L));
    }
    return 0;
}
```

4.5 矩阵计算

矩阵是线性代数的一个最基本的概念。本节给出矩阵的实验。

通常，用二维数组表示矩阵。在实验【4.5.1 Symmetric Matrix】和【4.5.2 Homogeneous Squares】中，方阵用二维数组表示。

【4.5.1 Symmetric Matrix】

给出一个方阵 M，这个矩阵的元素是 M_{ij}（$0<i<n$，$0<j<n$）。在本题中，请你判断给出的矩阵是否对称。

对称矩阵是这样一个矩阵，它的所有元素都是非负的，并且相对于这个矩阵的中心是对称的。任何其他矩阵都被认为是非对称的。例如：

$$M = \begin{bmatrix} 5 & 1 & 3 \\ 2 & 0 & 2 \\ 3 & 1 & 5 \end{bmatrix} \text{ 是对称的，而 } M = \begin{bmatrix} 5 & 1 & 3 \\ 2 & 0 & 2 \\ 0 & 1 & 5 \end{bmatrix} \text{ 则不是对称的，因为 } 3 \neq 0\text{。}$$

请你判断给出的矩阵是否对称。在输入中给出的矩阵元素为 $-2^{32} \leqslant M_{ij} \leqslant 2^{32}$，$0 < n \leqslant 100$。

输入

输入的第一行给出测试用例数 $T \leqslant 300$。接下来的 T 个测试用例按照以下方式给出：每个测试用例的第一行给出 n，即方阵的维数；然后给出 n 行，每行相应于矩阵的一行，包含 n 个由空格字符分隔的元素。第 i 行的第 j 个数就是矩阵的元素 M_{ij}。

输出

对于每个测试用例，输出一行"Test #*t*: *S*"，其中 *t* 是从 1 开始的测试用例的编号，如果矩阵是对称的，则 *S* 是"Symmetric"；否则，就是"Non-symmetric"。

样例输入	样例输出
2	Test #1: Symmetric.
N=3	Test #2: Non-symmetric.
5 1 3	
2 0 2	
3 1 5	
N=3	
5 1 3	
2 0 2	
0 1 5	

试题来源：Huge Easy Contest, 2007

在线测试：UVA 11349

试题解析

给出的方阵用二维数组 *M*[100][100] 表示。对称矩阵的所有元素都是非负的，并且相对于这个矩阵的中心是对称的，所以，如果有元素是负数，或者存在相对于中心不对称的元素，即 $M[i][j] \neq M[N-1-i][N-1-j]$，则给出的方阵不是对称的。

参考程序

```cpp
#include <iostream>
using namespace std;
long long M[100][100];                          //给出的方阵
int main()
{
    int  T, N;                                  //T 为测试用例数，N 为方阵的维数
    char ch;
    while (~scanf("%d", &T))
    for (int t=1 ; t <=T ; ++ t) {
        getchar();
        scanf("N=%d", &N);                      //输入当前测试用例
        for (int i=0 ; i < N ; ++ i)
            for (int j=0 ; j < N ; ++ j)
                scanf("%lld", &M[i][j]);
        int flag=1;                             //对称矩阵标志
        for (int i=0 ; i < N ; ++ i) {          //判断是否非负，以及是否相对于矩阵
                                                //的中心对称
            for (int j=0 ; j < N ; ++ j)
```

```
                    if (M[i][j] < 0 || M[i][j] !=M[N-1-i][N-1-j]) {
                        flag=0;
                        break;
                    }
                if (!flag) break;
            }
        printf("Test #%d: ",t);
        if (flag)                              // 输出
            printf("Symmetric.\n");
        else printf("Non-symmetric.\n");
    }
    return 0;
}
```

【4.5.2 Homogeneous Squares 】

假设有一个大小为 n 的正方形，它被划分出 $n \times n$ 个位置，就像一个棋盘。如果存在两个位置 (x_1, y_1) 和 (x_2, y_2)，其中 $1 \le x_1, y_1, x_2, y_2 \le n$，这两个位置占据不同的行和列，即 $x_1 \ne x_2$ 并且 $y_1 \ne y_2$，则称两个位置是 "独立的"。更一般地说，如果 n 个位置两两间是独立的，则称这 n 个位置是独立的。因此有 $n!$ 种不同的选法选择 n 个独立的位置。

设定在这样一个 $n \times n$ 的正方形的每个位置上都写有一个数。如果不管位置如何选择，写在 n 个独立位置上的数的和相等，这个正方形称为 "homogeneous"。请你编写一个程序来确定一个给出的正方形是否是 "homogeneous" 的。

输入

输入包含若干个测试用例。

每个测试用例的第一行给出一个整数 n（$1 \le n \le 1000$）。接下来的 n 行每行给出 n 个数字，数字之间用一个空格字符分隔。每个数字都是在区间 [$-1\,000\,000$, $1\,000\,000$] 中的整数。

在最后一个测试用例后面跟着一个 0。

输出

对于每个测试用例，按样例输出中显示的格式，输出给出的正方形是否 "homogeneous"。

样例输入	样例输出
2	homogeneous
1 2	not homogeneous
3 4	
3	
1 3 4	
8 6 −2	
−3 4 0	
0	

试题来源：Ulm Local 2006

在线测试：POJ 2941

试题解析

本题的每个测试用例是一个 $n \times n$ 方阵，选定不同行、不同列的 n 个元素，并对选定的元素求和，如果对于每一种选法，在 n 个独立位置上的数的和相等，则输出 "homogeneous"，否则输出 "not homogeneous"。

因为方阵的规模较大，$1 \leqslant n \leqslant 1000$，所以直接枚举肯定会超时，可根据局部解递推如下的规律。

设 3×3 的方阵为 $\begin{pmatrix} 1 & 2 & 3 \\ 4 & 5 & 6 \\ 7 & 8 & 9 \end{pmatrix}$，其每个 2×2 的子方阵为 $\begin{pmatrix} 1 & 2 \\ 4 & 5 \end{pmatrix}$、$\begin{pmatrix} 2 & 3 \\ 5 & 6 \end{pmatrix}$、$\begin{pmatrix} 4 & 5 \\ 7 & 8 \end{pmatrix}$

和 $\begin{pmatrix} 5 & 6 \\ 8 & 9 \end{pmatrix}$ 符合 "homogeneous" 的条件，则该 3×3 的方阵是 "homogeneous" 的。

由这一局部解递推出规律：对于一个 $n \times n$ 方阵，只要它的所有的 $(n-1) \times (n-1)$ 子方阵是 "homogeneous" 的，则该 $n \times n$ 方阵是 "homogeneous" 的；进一步递推可得，只要该 $n \times n$ 方阵的所有的 2×2 的子方阵符合两对角线相加相等，则该 $n \times n$ 方阵是 "homogeneous" 的。

参考程序

```cpp
#include<iostream>
using namespace std;
int a[1001][1001];
int main()
{
    int n;                                      //n：方阵的大小
    while(~scanf("%d", &n) && n)
    {
        int flag=1;
        for(int i=1; i <=n; i++)
            for(int j=1;j <=n; j++)   scanf("%d", &a[i][j]);  //输入方阵
        for(int i=1; i < n; i++)                 //对每个2×2子方阵进行判断
            for(int j=1; j < n; j++)
                if(a[i][j]+a[i+1][j+1] !=a[i][j+1]+a[i+1][j])
                                        //2×2子方阵对角线和
                {
                    flag=0;
```

```
                    goto there;                    // 不是 "homogeneous"，跳出循环
                }
        there:
                if(flag)    printf("homogeneous\n");
                else        printf("not homogeneous\n");
    }
    return 0;
}
```

在实验【2.4.3.2 Jill Rides Again】中，给出一个一维数组，求最大子序列和。实验【4.5.3 To the Max】则是给出一个二维数组，要求计算最大子矩形。

【4.5.3   To the Max 】

给出一个由正整数和负整数组成的二维数组，一个子矩形是指位于整个数组中大小为1×1或更大的任何连续子数组。矩形的和是该矩形中所有元素的和。在本题中，具有最大和的子矩形被称为最大子矩形。

例如，给出一个二维数组如下：

0 −2 −7   0
9   2 −6   2
−4   1 −4   1
−1   8   0 −2

最大子矩形是在左下角：

9 2
−4 1
−1 8

矩形的和是15。

输入

输入给出一个由 $N×N$ 个整数组成的数组。输入的第一行给出一个正整数 N，表示二维正方形数组的大小。后面给出用空白字符（空格和换行符）分隔的 N^2 个整数。这些整数是数组的 N^2 个整数，以行为顺序按行给出。也就是说，首先，第一行从左到右，给出第一行的所有数字；然后，再第二行从左到右，给出第二行的所有数字，以此类推，N 的最大值可以是100。数组中数字的范围是 $[−127, 127]$。

输出

输出最大子矩形的和。

样例输入	样例输出
4	15
0 -2 -7 0 9 2 -6 2	
-4 1 -4 1 -1	
8 0 -2	

试题来源：ACM Greater New York 2001

在线测试：POJ 1050

试题解析

本题通过将二维数组转化为一维数组，然后再求最大子序列和，以此求解最大子矩形的和。首先，通过一个实例，说明如何将二维数组转化为一维数组。

设存在矩阵 $\begin{pmatrix} 7 & -8 & 9 \\ -4 & 5 & 6 \\ 1 & 2 & -3 \end{pmatrix}$，将同一列中的若干个数合并。比如，从第一行开始，到第 2 行结束，每一列的和组成的序列为 3 -3 15，然后，求此序列的最大子序列和。求出后再与 max 比较，最后输出的一定是最大子矩形。

所以，本题解题过程如下。

1）第一轮：第一次仅第 1 行合并，第二次第 1、2 行合并，第三次第 1、2、3 行合并，依次类推，分别求出合并后的最大子矩形，作为局部最大值，即包含第 1 行的最大子矩形在第一轮求出。

2）第二轮：第一次仅第 2 行合并，第二次第 2、3 行合并，第三次第 2、3、4 行合并，依次类推，分别求出合并后的最大子矩形，作为局部最大值，即包含第 2 行的最大子矩形在第二轮求出。

3）第三轮：第一次仅第 3 行合并，第二次第 3、4 行合并，第三次第 3、4、5 行合并，依次类推，分别求出合并后的最大子矩形，作为局部最大值，即包含第 3 行的最大子矩形在第三轮求出。

以此类推。

参考程序

```
#include <iostream>
using namespace std;
#define INF 0x3f3f3f3f
```

```
const int SZ=102;
int d[SZ][SZ];                      // 输入数组
int s[SZ];
int MaxArray(int a[],int n)         // 最大子序列和
{
    int m=-INF;
    int tmp=-1;
    for(int i=0;i<n;i++){
        if(tmp>0)
            tmp+=a[i];
        else
            tmp=a[i];
        if(tmp>m)
            m=tmp;
    }
    return m;
}
int main()
{
    int i,j,k,n;
    cin>>n;
    for(i=0;i<n;i++)
        for(j=0;j<n;j++)
            cin>>d[i][j];           // 输入二维数组
    int ans=-INF, tmp;              // ans: 最大子矩形初始化
    for(i=0;i<n;i++){               // 算法过程如试题解析中所述
        memset(s,0,sizeof(int)*n);
        for(j=i;j<n;j++){
            for(k=0;k<n;k++)
                s[k]+=d[j][k];
            tmp=MaxArray(s,n);
            if(tmp>ans)
                ans=tmp;
        }
    }
    cout<<ans<<endl;
    return 0;
}
```

第 5 章

排　序

　　排序（Sorting）就是将一个数据元素（或记录）的任意序列重新排列成一个按关键字排序的有序序列。

　　最简单而且直观的排序算法是选择排序、插入排序和冒泡排序，它们的时间复杂度都是 $O(n^2)$。

　　为了提高排序速度，人们不断改进上述算法。C. A. R. Hoare 在 1960 年提出快速排序算法，它的平均时间复杂度是 $O(n\log_2 n)$，而最坏情况下的运行时间仍然是 $O(n^2)$。在此基础上，在 20 世纪 60 年代，归并排序、基数排序等一些比较成熟的排序算法也被提出。

　　本章展开排序算法的编程实验。首先，给出运行时间为 $O(n^2)$ 的排序算法，即选择排序、插入排序、冒泡排序的实验；然后，给出平均时间复杂度为 $O(n\log_2 n)$ 的归并排序、快速排序的实验；接下来，给出利用排序函数进行排序以及结构体排序的编程实验。

　　有关排序算法，简介如下。

　　（1）选择排序（Selection Sort）

　　选择排序是一种简单且直观的排序算法。第一次从待排序的数据元素中选出最小（或最大）的元素，存放在序列的起始位置；然后再从剩余的未排序元素中寻找到最小（或最大）元素，放到已排序的序列的末尾；以此类推，直到全部待排序的数据元素的个数为零。

　　（2）直接插入排序（Straight Insertion Sort）

　　插入排序也被称为直接插入排序，它是一种最简单的排序方法：将一条记录插入到已排好的有序表中，从而得到一个新的、记录数量增 1 的有序表。

　　（3）冒泡排序 (Bubble Sort)

　　两个数比较大小，较大的数下沉，较小的数冒起来。这个算法名字的由来是因为越小的元素会经由互换慢慢"浮"到数列的顶端（升序或降序排列），就如同碳酸饮料中二氧化碳的气泡最终会上浮到顶端一样，故名"冒泡排序"。

　　（4）归并排序（Merge Sort）

　　归并排序是建立在归并操作上的一种有效、稳定的排序算法，该算法是采用分治法（Divide and Conquer）的一个非常典型的应用。将已有序的子序列合并，得到完全有序的序列；即先使每个子序列有序，再使子序列段间有序。若将两个有序表合并成一个有序表，称为二路归并。

（5）快速排序（Quick Sort）

快速排序是对冒泡排序的一种改进：通过一趟排序将要排序的数据分隔成独立的两部分，其中一部分的所有数据比另外一部分的所有数据都要小，然后再按此方法对这两部分数据分别进行快速排序，整个排序过程可以递归进行，以此使整个数据变成有序序列。

（6）桶排序 (Bucket Sort)

桶排序也叫箱排序，将数组分到有限数量的桶子里。每个桶子再个别排序（有可能再使用别的排序算法或是以递归方式继续使用桶排序进行排序）。桶排序是鸽巢排序的一种归纳结果。

（7）基数排序（Radix Sort）

基数排序属于"分配式排序"（Distribution Sort），又称"桶子法"或 Bin Sort。顾名思义，它是透过键值的部分信息，将要排序的元素分配至某些"桶"中，借以达到排序的目的，基数排序法是属于稳定性的排序，其时间复杂度为 $O(n\log(r)m)$，其中 r 为所采取的基数，而 m 为堆数，在某些时候，基数排序法的效率高于其他的稳定性排序法。

5.1 简单的排序算法：选择排序、插入排序、冒泡排序

首先，给出互换两个变量值的 C 语言程序段：

```
void swap(int *a,int *b)          // 互换两个变量值
{
    int temp=*a;
    *a=*b;
    *b=temp;
}
```

选择排序是最简单的排序算法之一：第一次从待排序的数据元素中选出最小（或最大）元素，存放在序列的起始位置；然后，再从剩余的未排序元素中寻找到最小（或最大）元素，放到已排序的序列的末尾；以此类推，直到全部待排序的数据元素的个数为零。

例如，对于【5.1.1 Who's in the Middle】的样例输入，原始序列为 2，4，1，3，5，选择排序的过程如下：

1）第一轮，找到最小值，和第 1 个元素交换，得序列：1，4，2，3，5。

2）第二轮，找到次小值，和第 2 个元素交换，得序列：1，2，4，3，5。

3）第三轮，找到第三小的值，和第 3 个元素交换，得序列：1，2，3，4，5。

4）以此类推，最后得到序列：1，2，3，4，5。

选择排序的 C 语言程序段如下。

```c
void selection_sort(int arr[], int len)
{
    int i,j;
        for (i=0 ; i < len - 1 ; i++)
        {
                int min=i;
                for (j=i + 1; j < len; j++)    // 遍历未排序的元素
                        if (arr[j] < arr[min])  // 找到目前最小值
                                min=j;          // 记录最小值的位置
                swap(&arr[min], &arr[i]);       // 进行互换
        }
}
```

冒泡排序，就是重复地对于要排序的元素序列进行遍历，依次比较两个相邻的元素，如果顺序错误，就互换这两个元素。这样的遍历重复进行直到没有相邻元素需要互换，也就是说该元素序列已经排序完成。

例如，对于【5.1.1 Who's in the Middle】的样例输入，原始序列为 2，4，1，3，5，冒泡排序的过程如下：

1）第一轮，对于相邻元素，顺序错误则互换，得序列：2，1，3，4，5。

2）第二轮，得序列：1，2，3，4，5。

此时，已经没有相邻元素需要互换，排序完成。

冒泡排序的 C 语言程序段如下：

```c
void bubble_sort(int arr[], int len) {
        int i, j, temp;
        for (i=0; i < len - 1; i++)        // 外循环为排序轮数，len 个
                                           // 数进行 len-1 轮排序
                for (j=0; j < len - 1 - i; j++)  // 内循环为每轮比较次数，第
                                                 // i 轮比较 len-i 次
                if (arr[j] > arr[j + 1])   // 相邻元素比较，若逆序则互换
                        swap(&arr[j], &arr[j+1]);
}
```

顾名思义，冒泡排序就是小的元素会经由互换，慢慢"浮"到元素序列的前端。

插入排序也被称为直接插入排序，就是将一条记录插入到已排好序的有序表中，从而得到一个新的、记录数量增 1 的有序表。通过构建有序序列，对于未排序数据，在已排序序列中从后向前扫描，找到相应位置并插入。

例如，对于【5.1.1 Who's in the Middle】的样例输入，原始序列为 2，4，1，3，5，插入排序的过程如下：

1）第一轮，得序列：2。

2）第二轮，插入 4，得序列：2，4。

3）第三轮，插入 1，得序列：1，2，4。

4）第四轮，插入 3，得序列：1，2，3，4。

5）第五轮，插入 5，得序列：1，2，3，4，5。

插入排序的 C 语言程序段如下：

```
void insertion_sort(int arr[],int len){
        for(int i=1;i<len;i++){          // 从下标为 1 的元素开始选择合适的位置插入
                int key=arr[i];          // 记录要插入的数据
                int j=i-1;
                while((j>=0) && (key<arr[j])){   // 从已经排序的序列最右边的
                                                 // 开始比较，找到比其小的数
                        arr[j+1]=arr[j];
                        j--;
                }
                arr[j+1]=key;            // 存在比其小的数，插入
        }
}
```

选择排序、冒泡排序、插入排序的平均时间复杂度为 $O(n^2)$。

【 5.1.1　Who's in the Middle 】

FJ 调查他的奶牛群，他要找到最一般的奶牛，看最一般的奶牛产多少牛奶：一半的奶牛产奶量大于或等于这头奶牛，另一半的奶牛产奶量小于或等于这头奶牛。

给出奶牛的数量——奇数 N($1 \leqslant N < 10\ 000$) 及其产奶量 ($1 \cdots 1\ 000\ 000$)，找出位于产奶量中点的奶牛，要求一半的奶牛产奶量大于或等于这头奶牛，另一半的奶牛产奶量小于或等于这头奶牛。

输入

第 1 行：整数 N。

第 2 行到第 N+1 行：每行给出一个整数，表示一头奶牛的产奶量。

输出

一个整数，位于中点的产奶量。

样例输入	样例输出
5	3
2	
4	
1	
3	
5	

试题来源：USACO 2004 November

在线测试：POJ 2388

提示：对于样例输入，5 头奶牛的产奶量为 1…5；因为 1 和 2 低于 3，4 和 5 在 3 之上，所以输出 3。

试题解析

本题十分简单，只要递增排序 N 头奶牛的产奶量，排序后的中间元素即为位于中点的产奶量。

参照选择排序、冒泡排序、插入排序的 C 语言程序段，对输入的产奶量序列进行排序，然后输出中点的产奶量。

参考程序（略）

【5.1.2　Train Swapping 】

在老旧的火车站，你可能还会遇到"列车交换员"。列车交换员是铁路工人的一个工种，其工作是对列车车厢重新进行安排。

车厢要以最佳的序列被安排，列车司机要将车厢一节接一节地在要卸货的车站留下。

"列车交换员"是一个在靠近铁路桥的车站执行这一任务的人，他不是将桥垂直吊起，而是将桥围绕着河中心的桥墩进行旋转。将桥旋转 90° 后，船可以从桥墩的左边或者右边通过。

一个列车交换员在桥上有两节车厢的时候也可以旋转。将桥旋转 180°，车厢可以转换位置，使得他可以对车厢进行重新排列。（车厢也将掉转方向，但车厢两个方向都可以移动，所以这一情况不用考虑。）

现在几乎所有的列车交换员都已经故去，铁路公司要将原先列车交换员所进行的操作自动化。要开发程序的部分功能是对一列给定的列车按给定次序排列，确定两个相邻车厢的最少的互换次数，请你编写程序。

输入

输入的第一行给出测试用例的数目 N。每个测试用例有两行，第一行给出整数 L(0 ≤ L ≤ 50)，表示列车车厢的数量，第二行给出一个从 1 到 L 的排列，给出车厢的当前排列次序。要按数字的升序重新排列这些车厢：先是 1，再是 2，……，最

后是 *L*。

输出

对每个测试用例输出一个句子 " Optimal train swapping takes *S* swaps."，其中 *S* 是一个整数。

样例输入	样例输出
3	Optimal train swapping takes 1 swaps.
3	Optimal train swapping takes 6 swaps.
1 3 2	Optimal train swapping takes 1 swaps.
4	
4 3 2 1	
2	
2 1	

试题来源： ACM North Western European Regional Contest 1994

在线测试： UVA 299

试题解析

输入列车的排列次序 *a*[1]…*a*[*m*] 后，对 *a*[ ] 进行递增排序，在排序过程中数据互换的次数即为问题解。由于 *m* 的上限仅为 50，因此使用冒泡排序亦可满足时效要求。

参考程序

```cpp
#include <iostream>
using namespace std;
int main() {
    int n;                                  // 测试用例数目
    cin >> n;
    while(n--) {
        int m;                              // 车厢的数量
        int a[50];
        scanf("%d", &m);
        for(int i=0; i < m; i++) {          // 车厢的当前排列次序
            scanf("%d", &a[i]);
        }
        int x=0;                            // 两个相邻车厢的最少的互换次数
        for(int i=0; i < m - 1; i++)        // 冒泡排序，累计互换次数
            for(int j=0; j < m - i -1; j++)
                if(a[j] > a[j+1]) {
                    int t=a[j];
```

```
                    a[j]=a[j+1];
                    a[j+1]=t;
                    x++;
                }
        printf("Optimal train swapping takes %d swaps.\n", x);    //输出结果
    }
    return 0;
}
```

【5.1.3　DNA Sorting 】

在一个字符串中，逆序数是在该串中与次序相反的字符对的数目。例如，字母序列 "DAABEC" 的逆序数是 5，因为 D 比它右边的 4 个字母大，而 E 比它右边的 1 个字母大。序列 "AACEDGG" 的逆序数是 1（E 比它右边的 D 大），几乎已经排好序了。而序列 "ZWQM" 的逆序数是 6，完全没有排好序。

你要对 DNA 字符串序列进行分类（序列仅包含 4 个字母：A、C、G 和 T）。然而，分类不是按字母顺序，而是按 "排序" 的次序，从 "最多已排序" 到 "最少已排序" 进行排列。所有的字符串长度相同。

输入

第一行是两个正整数：n（$0 < n \leqslant 50$）给出字符串的长度，m（$0 < m \leqslant 100$）给出字符串的数目。后面是 m 行，每行是长度为 n 的字符串。

输出

对输入字符串按从 "最多已排序" 到 "最少已排序" 输出一个列表。若两个字符串排序情况相同，则按原来的次序输出。

样例输入	样例输出
10 6	CCCGGGGGGA
AACATGAAGG	AACATGAAGG
TTTTGGCCAA	GATCAGATTT
TTTGGCCAAA	ATCGATGCAT
GATCAGATTT	TTTTGGCCAA
CCCGGGGGGA	TTTGGCCAAA
ATCGATGCAT	

试题来源：ACM East Central North America 1998
在线测试：POJ 1007

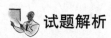 **试题解析**

"最多已排序" 的串指的是串中逆序对数最少的串，而串中逆序对数最多的串就

122 第 5 章

是所谓的"最少已排序"的串。所以设 DNA 序列为字符串数组 s，其中第 i 个 DNA 串为 $s[i]$；逆序对数为 $f[i]$，$1 \leqslant i \leqslant m$。

首先，使用冒泡排序，统计每个 DNA 串的逆序对数 $f[i]$；然后，使用插入排序，按逆序对数递增排序 s；最后，输出 $s[1]\cdots s[m]$。

参考程序

```
#include <iostream>
#include <string>
using namespace std;
int main()
{
    long n,m,i,j,k,temp,f[120];        //temp：插入排序时待插入的整数变量
    string s[120],temps;               //temps：插入排序时待插入的字符串变量
    cin>>n>>m;
    for (i=0;i<m;i++)                   //输入，并统计逆序对数
    {
        cin>>s[i];//输入字符串
        f[i]=0;
        for (j=0;j<n-1;j++)            //冒泡排序，统计字符串的逆序对数
            for (k=j+1;k<n;k++)
                if (s[i][k]<s[i][j]) f[i]++;
    }
    for (i=1;i<m;i++)                   //插入排序
    {
        if (f[i]>=f[i-1]) continue;
        j=i;
        temp=f[i];
        temps=s[i];
        while (temp<f[j-1] && j>=1)    //插入位置j
        {
            f[j]=f[j-1];
            s[j]=s[j-1];
            j--;
        }
        f[j]=temp;                      //插入
        s[j]=temps;
    }
    for (i=0;i<m;i++)                   //输出
        cout<<s[i]<<endl;
    return 0;
}
```

5.2 归并排序

归并排序是把待排序的序列分为若干个子序列，每个子序列都是有序的，然后

再把有序子序列合并为整体有序的序列。

　　所以，归并排序算法的核心步骤分为两个部分：分解和合并。首先，把 n 个元素分解为 n 个长度为 1 的有序子表；然后，进行两两归并使元素的关键字有序，得到 n/2 个长度为 2 的有序子表；再重复上述合并步骤，直到所有元素合并成一个长度为 n 的有序表为止。

　　归并排序的过程如图 5.2-1 所示。

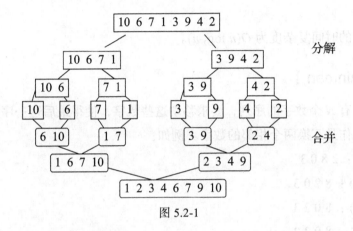

图 5.2-1

归并排序的 C 语言程序段如下：

```
void Merge(int r[],int temp[],int s,int m,int t)      // 将数组 r 的两个连续的有序
// 序列，即第 s 到第 m 个元素和第 m+1 到第 t 个元素，合并产生一个有序序列：第 s 到第 t 个元素的
// 有序序列
{
    int i=s;
    int j=m+1;                         // i、j：两个连续的有序序列的开始位置
    int k=i;                           // k：临时数组 temp 的下标
    while(i<=m&&j<=t)                  // 从两个有序序列中取出最小的放入临时数组
    {
        if(r[i]<=r[j])
            temp[k++]=r[i++];
        else
            temp[k++]=r[j++];
    }
    while(i<=m)                        // 剩余部分依次放入临时数组（实际上，两个 while
                                       // 只会执行其中一个）
        temp[k++]=r[i++];
    while(j<=t)
        temp[k++]=r[j++];
    for( i=s; i<=t; i++)               // 将临时数组中的内容拷贝回原数组中
        r[i]=temp[i];
}
void MergeSort(int r[],int temp[],int s,int t)    // 分解：把 n 个元素组成的序列 r 分
                                       // 解为 n 个长度为 1 的有序子表
{
```

```
    if(s==t)                                 //分解为长度为1的有序子表
        return;
    else
    {
        int m=(s+t)/2;
        MergeSort(r,temp,s,m);               //对左边序列进行递归
        MergeSort(r,temp,m+1,t);             //对右边序列进行递归
        Merge(r,temp,s,m,t);                 //合并
    }
}
```

归并排序的时间复杂度为 $O(n \log_2 n)$。

【5.2.1 Brainman】

给出一个有 N 个数字的序列，要求移动这些数字，使得最后这一序列是有序的。唯一允许的操作是互换两个相邻的数字。例如：

初始序列：2 8 0 3

互换 (2 8)：8 2 0 3

互换 (2 0)：8 0 2 3

互换 (2 3)：8 0 3 2

互换 (8 0)：0 8 3 2

互换 (8 3)：0 3 8 2

互换 (8 2)：0 3 2 8

互换 (3 2)：0 2 3 8

互换 (3 8)：0 2 8 3

互换 (8 3)：0 2 3 8

这样，序列 (2 8 0 3) 可以通过 9 次相邻数字的互换来排序。然而，这一序列也可以用三次互换完成排序：

初始序列：2 8 0 3

互换 (8 0)：2 0 8 3

互换 (2 0)：0 2 8 3

互换 (8 3)：0 2 3 8

因此，本题的问题是：对一个给出的序列进行排序，相邻数字的最小互换次数是多少？请你编写一个计算机程序来回答这个问题。

输入

输入的第一行给出测试用例数。

每个测试用例一行，首先给出序列的长度 N（$1 \leqslant N \leqslant 1000$），然后给出序列的 N 个

整数，整数所在的区间为 [−1 000 000, 1 000 000]。行中的所有数字之间用空格隔开。

输出

对每个测试用例，在第一行输出"Scenario #*i*:"，其中 *i* 是从 1 开始的测试用例编号。然后在下一行给出对给出的序列排序所需的相邻数字的最小互换次数。最后，再用一个空行表示测试用例输出结束。

样例输入	样例输出
4 4 2 8 0 3 10 0 1 2 3 4 5 6 7 8 9 6 −42 23 6 28 −100 65537 5 0 0 0 0 0	Scenario #1: 3 Scenario #2: 0 Scenario #3: 5 Scenario #4: 0

试题来源：TUD Programming Contest 2003, Darmstadt, Germany

在线测试：POJ 1804

试题解析

对于序列中的一个数，前面大于它的和后面小于它的数的个数，就是该数的逆序对数。一个序列的逆序对数就是该序列中所有数的逆序对数的总和。

本题要求计算，对一个给出的序列进行排序时，相邻数字的最小互换次数。也就是要求计算一个序列的逆序对数。

可以用归并排序计算逆序对数，在归并排序中的交换次数就是这个序列的逆序对数：归并排序是将序列 $a[l, r]$ 分成两个序列 $a[l, mid]$ 和 $a[mid +1, r]$，分别对其进行归并排序，然后再将这两个有序序列进行归并排序，在归并排序的过程中，设 $l \le i \le mid$，$mid+1 \le j \le r$，当 $a[i] \le a[j]$ 时，并不产生逆序对数；而当 $a[i] > a[j]$ 时，则在有序序列 $a[l, mid]$ 中，在 $a[i]$ 后面的数都比 $a[j]$ 大，将 $a[j]$ 放在 $a[i]$ 前，逆序对数就要加上 $mid−i+1$。因此，可以在归并排序的合并过程中计算逆序对数。

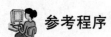

参考程序

```
#include <iostream>
```

```cpp
using namespace std;
const int maxn=1000;              //序列的长度
int a[maxn];                      //序列
int temp[maxn];                   //临时数组
int t,n;
int ans;                          //序列的逆序对数
void merger(int l,int m,int r)    //合并有序序列a[l, m]和a[m + 1, r]
{
    int i=l;
    int j=m+1;
    int k=i;
    while(i<=m&&j<=r)
        if(a[i]>a[j])
        {
            temp[k++]=a[j++];
            ans+=m+1-i;           //累加逆序对数
        }
        else
            temp[k++]=a[i++];
    while(i<=m) temp[k++]=a[i++];
    while(j<=r) temp[k++]=a[j++];
    for(int i=l;i<=r;i++)
        a[i]=temp[i];
}
void merge_sort(int l,int r)      //分解
{
    if(l<r)
    {
        int m=(l+r)>>1;
        merge_sort(l,m);
        merge_sort(m+1,r);
        merger(l,m,r);
    }
}
int main()
{
    scanf("%d",&t);               //测试用例数
    for(int cc=1;cc<=t;cc++)      //每次循环处理一个测试用例，循环变量是测试用例编号
    {
        if(cc!=1) printf("\n");
        ans=0;                    //逆序对数初始化
        scanf("%d",&n);           //序列中元素个数
        for(int i=1;i<=n;i++)     //输入序列
            scanf("%d",&a[i]);
        merge_sort(1,n);          //归并排序，计算逆序对数
        printf("Scenario #%d:\n%d\n",cc,ans);    //输出结果
    }
    return 0;
}
```

【5.2.2　Ultra-QuickSort 】

在本题中，你要分析一个特定的排序算法 Ultra-QuickSort。这个算法是将 n 个不同的整数由小到大进行排序，算法的操作是在需要的时候将相邻的两个数交换。例如，对于输入序列 9 1 0 5 4，Ultra-QuickSort 产生输出 0 1 4 5 9。请算出 Ultra-QuickSort 最少需要用到多少次交换操作，才能对输入的序列由小到大排序。

输入

输入由若干测试用例组成。每个测试用例的第一行给出一个整数 n（$n<$ 500 000），表示输入序列的长度。后面的 n 行每行给出一个整数 $a[i]$（$0 \leqslant a[i] \leqslant$ 999 999 999），表示输入序列中的第 i 个元素。输入以 $n=0$ 为结束，这一序列不用处理。

输出

对每个测试用例，输出一个整数，它是对于输入序列进行排序所做的交换操作的最少次数。

样例输入	样例输出
5	6
9	0
1	
0	
5	
4	
3	
1	
2	
3	
0	

试题来源：Waterloo local 2005.02.05

在线测试：POJ 2299, ZOJ 2386, UVA 10810

试题解析

对于本题，如果用两重循环枚举序列中的每个数对 (A_i, A_j)，其中 $i<j$，检验 A_i 是否大于 A_j，然后统计逆序对数。这种算法虽然简洁，但时间复杂度为 $O(n^2)$，由于本题的输入序列的长度 $n<$ 500 000，当 n 很大时，相应的程序求解过程非常慢。

所以，本题和【5.2.1　Brainman】一样，利用时间复杂度为 $O(n\log_2 n)$ 的归并排序求逆序对数。

参考程序

```cpp
#include <iostream>
using namespace std;
int a[500000], temp[500000];          //序列和临时数组，序列长度为 500 000
long long ans;                         //逆序对数
void merge(int a[], int low, int mid, int high)  //合并有序序列 a[low, mid] 和 a
                                                 //[mid + 1, high]
{
    int i, j, k;
    i=low, j=mid+1, k=low;
    while(i<=mid && j<=high)
        if(a[i]>a[j]){
                temp[k++]=a[j++];
                ans +=mid+1-i;          //累加逆序对数
        }
        else
                temp[k++]=a[i++];
    while(i<=mid)
        temp[k++]=a[i++];
    while(j<=high)
        temp[k++]=a[j++];
    for(i=low;i<=high;i++)
        a[i]=temp[i];
}
void merge_sort(int a[], int low, int high) //分解
{
    if(low<high)
    {
        int mid=(low+high)/2;
        merge_sort(a, low, mid);
        merge_sort(a, mid+1, high);
        merge(a, low, mid, high);
    }
}
int main()
{
    int n, i;
    while(scanf("%d",&n)!=EOF && n)
    {
    ans=0;
    for(i=1;i<=n;i++)                    //输入序列
        cin>>a[i];
    merge_sort(a, 1, n);                 //归并排序，求逆序对数
    cout<<ans<<endl;                     //逆序对数
    }
}
```

5.3　快速排序

快速排序算法的步骤如下。从数列中挑出一个元素，称为"基准"（pivot）；然后重新排序数列，所有比基准值小的元素放置在基准前面，所有比基准值大的元素放置在基准后面，和基准相同的元素则可以放置在任何一边。在这个分区结束之后，该基准就处于序列中的某一位置。这一操作称为分区（partition）操作。然后，递归地把小于基准值元素的子序列和大于基准值元素的子序列进行排序。

快速排序的 C 语言程序段如下：

```
Paritition(int A[], int low, int high) {          // 分区操作
    int pivot=A[low];
    while (low < high) {
        while (low < high && A[high] >=pivot) {    // 从右向左找比 pivot 小的值
            --high;
        }
        A[low]=A[high];
        while (low < high && A[low] <=pivot) {     // 从左向右找比 pivot 大的值
            ++low;
        }
        A[high]=A[low];
    }
    A[low]=pivot;                                  // 基准值分区
    return low;                                    // 返回 pivot 的位置，作为分界
}
void QuickSort(int A[], int low, int high)         // 快速排序的主函数
{
    if (low < high) {
        int pivot=Paritition (A, low, high);
        QuickSort(A, low, pivot - 1);
        QuickSort(A, pivot + 1, high);
    }
}
```

快速排序的平均时间复杂度为 $O(n\log_2 n)$。最坏的情况是序列已经排好序，这样，每次的基准值都是最大或者最小值，那么所有的元素都被划分到一个子序列中，最坏情况下快速排序的时间复杂度为 $O(n^2)$。

【 5.3.1　Who's in the Middle 】

题意与【 5.1.1　Who's in the Middle 】相同。

在线测试：POJ 2388

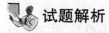 试题解析

解题思想和【 5.1.1　Who's in the Middle 】一样。

参照快速排序的 C 语言程序段，对输入的产奶量序列进行快速排序，然后输出中点的产奶量。

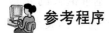 **参考程序**

```cpp
#include <iostream>
using namespace std;
const int N=100005;
int num[N];
int partition(int low,int high)          // 分区操作
{
    int i=low,j=high,pivot=num[low];     // pivot: 基准值
    while(i<j){
        while(i<j&&num[j]>=pivot) --j;
        int t=num[i];num[i]=num[j];num[j]=t;
        while(i<j&&num[i]<=pivot) ++i;
        t=num[i];num[i]=num[j];num[j]=t;
    }
    return i;                            // 基准值的位置
}
void quick_sort(int low,int high)        // 快速排序主函数
{
        if(low<high){
            int x=partition(low,high);
            quick_sort(low,x-1);
            quick_sort(x+1,high);
        }
}
int main()
{
    int n;
    while(~scanf("%d",&n)){
        for(int i=0;i<n;++i)
            scanf("%d",&num[i]);          // 输入产奶量序列
        quick_sort(0,n-1);               // 对输入的产奶量序列进行快速排序
        printf("%d\n",num[n/2]);         // 输出中点的产奶量
    }
    return 0;
}
```

【5.3.2 sort】

给你 n 个整数，请按从大到小的顺序输出其中前 m 大的数。

输入

每个测试用例有两行，第一行有两个数 n、m（$0<n, m<1\,000\,000$），第二行包含 n 个各不相同且都处于区间 $[-500\,000, 500\,000]$ 的整数。

输出

对每个测试用例按从大到小的顺序输出前 m 大的数。

样例输入	样例输出
5 3	213 92 3
3 −35 92 213 −644	

试题来源：ACM 暑期集训队练习赛（三）

在线测试：HDOJ 1425

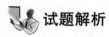 **试题解析**

对 n 个数进行排序，然后输出前 m 个大的数。因为数据规模很大，采用时间复杂度为 $O(n^2)$ 的排序算法有可能会超时，所以本题采用快速排序来对 n 个数进行排序。

参考程序

```cpp
#include <iostream>
using namespace std;
int a[1000000];
void quicksort(int a[],int s,int t)
{
    int i=s,j=t;
    int tmp=a[s];
    if(s<t){                              // 区间内元素剩 0 个或者 1 个的时候停止
        while(i<j){
            while(i<j && a[j]>=tmp)
                j--;
            a[i]=a[j];
            while(i<j && a[i]<=tmp)
                i++;
            a[j]=a[i];
        }
        a[i]=tmp;
        quicksort(a,s,i-1);               // 对左区间递归排序
        quicksort(a,i+1,t);               // 对右区间递归排序
    }
}
int main()
{
    int i;
    int n,m;
    while(cin>>n>>m){                      // 输入测试用例
        for(i=1;i<=n;i++)
```

```
        scanf("%d",&a[i]);
    quicksort(a,1,n);                    // 对 n 个数进行快速排序
    for(i=n;i>=n-m+1;i--){               // 输出前 m 个大的数
        printf("%d",a[i]);
        if(i!=n-m+1)
            printf(" ");
        else
            printf("\n");
    }
    }
    return 0;
}
```

5.4　利用排序函数进行排序

本节给出使用在 C++ STL 中 algorithm 里的 sort 函数进行排序的实验。使用在
C++STL 中 algorithm 里的 sort 函数，可以对给定区间所有元素进行排序，默认为升序，
也可进行降序排序。sort 函数进行排序的时间复杂度为 $O(n\log_2 n)$，sort 函数包含在头文
件为 algorithm 的 C++ 标准库中，其语法为 sort(start, end, cmp)，其中 start 表示要排序数
组的起始地址；end 表示数组结束地址的下一位；cmp 用于规定排序的方法，默认升序。

【5.4.1　Who's in the Middle 】

题意与【5.1.1　Who's in the Middle 】相同。

在线测试：POJ 2388

试题解析

本题可以使用 C++ STL 中 algorithm 里的 sort 函数，递增排序 N 头奶牛的产奶
量，然后输出中点的产奶量。

在参考程序中，sort 函数没有第三个参数，实现的是从小到大（升序）排列。

参考程序

```
#include <iostream>
#include <algorithm>
using namespace std;
int main()
{
    int n;
    int cow[10001];                      // 产奶量序列
```

```
    while(scanf("%d",&n)!=EOF)
    {
        for(int i=0;i<n;i++)
            cin>>cow[i];                    // 产奶量序列
        sort(cow,cow+n);                     // sort 函数递增排序
        int mid=(1+n)/2;
        cout<<cow[mid-1]<<endl;             // 输出中点的产奶量
    }
}
```

【5.4.2　sort】

题意与【5.3.2　sort】相同。给出 sort 函数实现从大到小的排序的实验：需要加入一个比较函数 compare()，函数 compare() 的实现过程如下：

```
bool compare(int a, int b)
{
    return a>b;
}
```

在线测试：HDOJ 1425

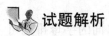 **试题解析**

对 n 个数从大到小进行降序排序，然后输出前 m 个大的数。

利用 sort 函数实现从大到小的排序，加入一个比较函数 compare()。

参考程序

```
#include<iostream>
#include<algorithm>
using namespace std;
int Num[1000000];
int cmp(int a,int b)                        // 比较函数 compare()
{
    return a > b;
}
int main()
{
    int N, M;
    while(~scanf("%d%d",&N,&M))
    {
        for(int i=0; i < N; ++i)            // 输入测试用例
            scanf("%d",&Num[i]);
        sort(Num, Num+N, cmp);              // 对 n 个数从大到小进行降序排序
```

```
        for(int i=0; i < M; ++i)        //输出前 m 个大的数
            if(i !=M-1)
                printf("%d ",Num[i]);
            else
                printf("%d\n",Num[i]);
    }
    return 0;
}
```

【5.4.3 Word Amalgamation 】

在美国的很多报纸上，有一种单词游戏 Jumble。这一游戏的目的是解字谜，为了找到答案中的字母，就要整理 4 个单词。请编写一个整理单词的程序。

输入

输入包含 4 个部分：字典，包含至少 1 个、至多 100 个的单词，每个单词一行；一行内容为"XXXXXX"，表示字典结束；一个或多个你要整理的"单词"；一行内容为"XXXXXX"，表示文件的结束。所有的单词，无论是字典单词还是要整理的单词，都是小写英文字母，至少 1 个字母，至多 6 个字母（"XXXXXX"由大写的 X 组成），字典中单词不排序，但每个单词只出现一次。

输出

对于输入中每个要整理的单词，输出在字典里存在的单词，单词的字母排列可以不同，如果在字典中找到不止一个单词对应时要把它们按字典序进行排序。每个单词占一行。如果没找到相对应的单词，则输出"NOT A VALID WORD"，每输出对应的一组单词或"NOT A VALID WORD"后要输出"******"。

样例输入	样例输出
tarp	score
given	******
score	refund
refund	******
only	part
trap	tarp
work	trap
earn	******
course	NOT A VALID WORD
pepper	******
part	course
XXXXXX	******
resco	
nfudre	
aptr	
sett	
oresuc	
XXXXXX	

试题来源：ACM Mid-Central USA 1998

在线测试：POJ 1318

试题解析

设字典表示为字符数组 word。在字典被输入后，字典 word 就被建立了。然后，对于每个在 word 中的单词 word [i]，通过选择排序，完成 word 的字典序排列。

接下来，依次输入待处理的单词，每输入一个单词，存入字符串 str，通过 sort 函数对其按字符升序进行排序，然后和 word 中的单词 word[i] 逐个比较：word[i] 也通过 sort 函数按字符升序进行排序，如果两者相等，则输出 word [i]。比较结束时，没有相等的情况，则输出"NOT A VALID WORD"。

在参考程序中，字符串比较函数 strcmp 按字典序比较两个字符串，并返回结果：如果两个字符串相等，则返回零。字符串复制函数 strcpy 则是将源字符串变量的内容复制到目标字符串变量中。

参考程序

```cpp
#include<iostream>
#include<algorithm>
using namespace std;
int main()
{
    char words[101][10], str[10], str1[10];
    int i, j, length1, length2, s=0;
    while(1){                            // 输入字典
        scanf("%s", words[s]);
        if(strcmp(words[s++], "XXXXXX")==0) break;
    }
    for(i=0; i < s - 2; i++)             // 按字典序对字典选择排序
        for(j=i + 1; j < s - 1; j++)
            if(strcmp(words[i], words[j]) > 0){
                strcpy(str, words[i]);
                strcpy(words[i], words[j]);
                strcpy(words[j], str);
            }
    while(scanf("%s", str) !=EOF && strcmp(str, "XXXXXX") !=0){ // 输入待处理
                                                               // 的单词
        int flag=1;
        length1=strlen(str);
        sort(str, str + length1);        // 待处理的单词按字符升序排序
        for(i=0; i < s - 1; i++){
            length2=strlen(words[i]);
```

```
            strcpy(str1, words[i]);
            sort(str1, str1 + length2);      // 字典单词按字符升序排序
            if(strcmp(str1, str)==0){        // 输出在字典里存在的单词，设置标志
                                             // flag=0
                printf("%s\n", words[i]);
                flag=0;
            }
        }
        if(flag)                             // 字典里不存在相应的单词
            printf("NOT A VALID WORD\n");
        printf("******\n");
    }
    return 0;
}
```

【5.4.4　Flooded!】

为了让购房者能够估计需要多少的水灾保险，一家房地产公司给出了在顾客可能购买房屋的地段上每个 10m×10m 的区域的高度。由于高处的水会向低处流，雨水、雪水或可能出现的洪水将会首先积在最低高度的区域中。为了简单起见，我们假定在较高区域中的积水（即使完全被更高的区域所包围）能完全排放到较低的区域中，并且水不会被地面吸收。

从天气数据我们可以知道一个地段的积水量。作为购房者，我们希望能够得知积水的高度和该地段完全被淹没的区域的百分比（指该地段中高度严格低于积水高度的区域的百分比）。请编写一个程序以给出这些数据。

输入

输入数据包含了一系列的地段的描述。每个地段的描述以一对整型数 m、n 开始，m、n 不大于 30，分别代表横向和纵向上按 10m 划分的块数。紧接着 m 行每行包含 n 个数据，代表相应区域的高度。高度用米来表示，正负号分别表示高于或低于海平面。每个地段描述的最后一行给出该地段积水量的立方数。最后一个地段描述后以两个 0 代表输入数据结束。

输出

对每个地段，输出地段的编号、积水的高度、积水区域的百分比，每项内容为单独一行。积水高度和积水区域百分比均保留两位小数。每个地段的输出之后打印一个空行。

样例输入	样例输出
3 3	Region 1
25 37 45	Water level is 46.67 meters.
51 12 34	66.67 percent of the region is under water.
94 83 27	
10000	
0 0	

试题来源：ACM World Finals 1999

在线测试：POJ 1877

试题解析

按照题意，每块的面积为 10m×10m=100m²。我们将 $n×m$ 个区域的高度存入 $a[]$ 中，并按照递增顺序排序 a。

在 $a[i+1]$ 与 $a[i]$ 之间，高度差为 $a[i+1]-a[i]$，前 i 块的面积为 $i×100$，即增加积水 $100×(a[i+1]-a[i])×i$。设积水高度在 $a[k]$ 与 $a[k+1]$ 之间，即

$$\sum_{i=1}^{k}100×(a[i+1]-a[i])×i \leqslant w < \sum_{i=1}^{k+1}100×(a[i+1]-a[i])×i$$

在高度 $a[k]$ 以上的积水量为 $w_k=w-\sum_{i=1}^{k}100×(a[i+1]-a[i])×i$。由此得出积水高度为 $a[k]+\dfrac{w_k}{100×k}$，积水区域的百分比为 $100×\dfrac{k}{n×m}$ %（$1 \leqslant k < n×m$）。

参考程序

```cpp
#include <iostream>
#include <algorithm>
using namespace std;
const int MAXN=900;
int main()
{
    int i, c, m, n, cases=0;
    double v, a[MAXN];
    while(scanf("%d %d", &m, &n) && (m + n)) {
        for(i=0; i < m * n; i ++) scanf("%lf", &a[i]);
        scanf("%lf",&v);
        sort(a, a + m * n);
        i=0;
        while(i < m * n - 1) {
            if(v < (a[i+1] - a[i]) * 100 * (i + 1)) break;
            v -=(a[i + 1] - a[i]) * 100 * (i + 1);
            i ++;
        }
        double per=100.0 * (i + 1) / (m * n);      // i + 1块小土地被雨水覆盖
        double level=v / (100 * (i + 1)) +a[i];
        printf("Region %d\n", ++ cases);
        printf("Water level is %.2lf meters.\n", level);
        printf("%.2lf percent of the region is under water.\n", per);
    }
```

```
        return(0);
    }
```

5.5 结构体排序

待排序的序列的元素是结构体，包含若干变量；而这些变量分为第一关键字、第二关键字等；基于此，对待排序的序列进行排序，这就是所谓的结构体排序。

【5.5.1 Holiday Hotel 】

Smith 夫妇要去海边度假，在出发前他们要选择一家宾馆。他们从互联网上获得了一份宾馆的列表，要从中选择一些既便宜又离海滩近的候选宾馆。候选宾馆 M 要满足两个需求：

1）离海滩比 M 近的宾馆要比 M 贵。

2）比 M 便宜的宾馆离海滩要比 M 远。

输入

有若干组测试用例，每组测试用例的第一行给出一个整数 N（$1 \leqslant N \leqslant 10\ 000$），表示宾馆的数目，后面的 N 行每行给出两个整数 D 和 C（$1 \leqslant D, C \leqslant 10\ 000$），用于描述一家宾馆，D 表示宾馆距离海滩的距离，C 表示宾馆住宿的费用。本题设定没有两家宾馆有相同的 D 和 C。用 N=0 表示输入结束，对这一测试用例不用进行处理。

输出

对于每个测试用例，输出一行，给出一个整数，表示所有的候选宾馆的数目。

样例输入	样例输出
5	2
300 100	
100 300	
400 200	
200 400	
100 500	
0	

试题来源：ACM Beijing 2005

在线测试：POJ 2726

试题解析

设宾馆序列为 h，宾馆用结构体表示，其中第 i 家宾馆离海滩的距离为 h[i].dist，住宿费用为 h[i].cost。根据候选宾馆的需求，以离海滩距离为第一关键字、住宿费用为第二关键字，对结构体数组 h 进行排序。然后，在此基础上计算候选宾馆的数目 ans。

对于已经排序的结构体数组 h，根据题意，如果宾馆 a 的 dist 比宾馆 b 小，那么 b 的 cost 一定要比 a 的 cost 小，这样 b 才能作为候选宾馆，依次扫描每家宾馆：若当前宾馆 i 虽然离海滩的距离不近但费用低，则宾馆 i 进入候选序列，ans++。最后输出候选宾馆的数目 ans。

参考程序

```
#include <iostream>
#include <algorithm>
using namespace std;
const int maxn=10000;
struct hotel{
    int dist;
    int cost;
}h[maxn];                                   // 宾馆序列，元素为结构体，成员是距
                                            // 离 dist 和费用 cost
bool com(const hotel& a, const hotel& b){   // 以距离 dist 为第一关键字、以费用
                                            // cost 为第二关键字进行排序
    if(a.dist==b.dist)
        return a.cost < b.cost;
    return a.dist < b.dist;
}
int main(){
    int n;                                  // 宾馆的数目
    while(scanf("%d",&n)!=EOF,n){
        int i;
        for(i=0 ; i < n ; ++i)              // 宾馆距离海滩的距离和住宿的费用
            scanf("%d%d",&h[i].dist,&h[i].cost);
        sort(h,h+n,com);                    // 结构体排序
        int min=INT_MAX;
        int ans=0;
        for(i=0 ; i < n ; ++i)              // 如果 a 的 dist 比 b 小，那么 b 的 cost
                                            // 一定要比 a 的 cost 小，这样 b 才能作
                                            // 为候选宾馆
            if(h[i].cost < min){
                ans++;
                min=h[i].cost;
            }
        printf("%d\n",ans);
    }
    return 0;
}
```

【5.5.2　排名】

上机考试虽然有实时的排行榜，但上面的排名只是根据完成的题数排序，没有

考虑每题的分值，所以并不是最后的排名。给定录取分数线，请你写程序找出最后通过分数线的考生，并将他们的成绩按降序打印。

输入

测试输入包含若干场考试的信息。每场考试信息的第 1 行给出考生人数 $N(0<N<1000)$、考题数 $M(0<M\leqslant10)$、分数线 G（正整数）；第 2 行排序给出第 1 题至第 M 题的正整数分值；以下 N 行，每行给出一名考生的准考证号（长度不超过 20 的字符串）、该考生解决的题目总数 m 以及这 m 道题的题号（题号由 1 到 M）。

当读入的考生人数为 0 时，输入结束，该场考试不予处理。

输出

对每场考试，首先在第 1 行输出不低于分数线的考生人数 n，随后 n 行按分数从高到低输出上线考生的考号与分数，其间用一个空格分隔。若有多名考生分数相同，则按他们考号的升序输出。

样例输入	样例输出
4 5 25	3
10 10 12 13 15	CS003 60
CS004 3 5 1 3	CS001 37
CS003 5 2 4 1 3 5	CS004 37
CS002 2 1 2	0
CS001 3 2 3 5	1
1 2 40	CS000000000000000002 20
10 30	
CS001 1 2	
2 3 20	
10 10 10	
CS000000000000000001 0	
CS000000000000000002 2 1 2	
0	

提示：海量输入，推荐使用 scanf。

试题来源：浙大计算机研究生复试上机考试（2005 年）

在线测试：HDOJ 1236

试题解析

设考生序列为 stu，考生用结构体表示，其中字符数组 name 表示考号，num 表示解决的题目总数，sum 表示分数。

首先，在输入每个考生信息的时候，根据解题的题号，统计考生的分数。然后对结构体排序，分数和考号分别为第一和二关键字。最后，按题目要求输出不低于分数线的考生人数，以及分数线上的考生信息。

参考程序

```cpp
#include <iostream>
#include <algorithm>
using namespace std;
#define N 1005
int que[15];                              // 考题的正整数分值
struct node
{
    char name[25];                        // 考号
    int num;                              // 解决的题目总数
    int sum;                              // 分数
} stu[N];                                 // 考生结构体数组
bool cmp(const node &a,const node &b)     // 结构体比较函数，分数、考号分别为第一、二关键字
{
    if(a.sum==b.sum)
        return strcmp(a.name,b.name) < 0 ? 1 : 0;
    else
        return a.sum > b.sum;
}
int main()
{
    int stu_num,text_num,line,a,cnt;      // 考生人数 stu_num，考题数 text_num，分数
                                          // 线 line，输出不低于分数线的考生人数 cnt
    while(scanf("%d",&stu_num)!=EOF && stu_num)
    {
        cnt=0;
        int i;
        scanf("%d%d",&text_num,&line);
        for(i=1; i<=text_num; i++)        // 考题的正整数分值
            scanf("%d",&que[i]);
        for(i=1; i<=stu_num; i++)         // 输入每个考生信息，统计分数
        {
            stu[i].sum=0;
            scanf("%s%d",stu[i].name,&stu[i].num);  // 考号，解决的题目总数
            while(stu[i].num--)           // 根据题号统计分数
            {
                scanf("%d",&a);
                stu[i].sum+=que[a];
            }
            if(stu[i].sum>=line)          // 通过分数线
                cnt++;
        }
        sort(stu+1,stu+1+stu_num,cmp);    // 结构体排序
```

```
        cout << cnt << endl;        // 输出不低于分数线的考生人数
        for(i=1; i<=stu_num; i++)    // 按分数从高到低输出上线考生的考号与分数，若
                                     // 分数相同，则按他们考号的升序输出
        {
            if(stu[i].sum >=line)
                printf("%s %d\n",stu[i].name,stu[i].sum);
            else
                break;
        }
    }
    return 0;
}
```

【5.5.3 Election Time】

在推翻了暴虐的农夫 John 的统治之后，奶牛们要进行它们的第一次选举，Bessie 是 N（$1 \leqslant N \leqslant 50\,000$）头竞选总统的奶牛之一。在选举正式开始之前，Bessie 想知道谁最有可能赢得选举。

选举分两轮进行。在第一轮中，得票最多的 K（$1 \leqslant K \leqslant N$）头奶牛进入第二轮。在第二轮选举中，得票最多的奶牛当选总统。

本题给出在第一轮中预期奶牛 i 获得 A_i（$1 \leqslant A_i \leqslant 1\,000\,000\,000$）票，在第二轮获得 B_i（$1 \leqslant B_i \leqslant 1\,000\,000\,000$）票（如果它成功的话），请你确定哪一头奶牛有望赢得选举。幸运的是，在 A_i 列表中没有一张选票会出现两次，同样地，在 B_i 列表中也没有一张选票会出现两次。

输入

第 1 行：两个空格分隔的整数 N 和 K。

第 2 ~ N+1 行：第 i+1 行包含两个空格分隔的整数，即 A_i 和 B_i。

输出

第 1 行：预期赢得选举的奶牛的编号。

样例输入	样例输出
5 3	5
3 10	
9 2	
5 6	
8 4	
6 5	

试题来源：USACO 2008 January Bronze

在线测试：POJ 3664

试题解析

用一个结构体数组表示 n 头竞选总统的奶牛，在结构体中，给出一头奶牛的第一轮预期得票、第二轮预期得票，以及这头奶牛的编号。

求解本题要进行两次排序。第一次，对 n 头奶牛第一轮预期得票进行排序；第二次，对在第一次排序的前 k 头奶牛的第二轮预期得票进行排序。最后，输出第二轮中票数最多的奶牛的编号。

参考程序

```cpp
#include <iostream>
#include <algorithm>
using namespace std;
const int MAX=50010;
int n, k;
struct node
{
    int a;                          // 第一轮预期得票
    int b;                          // 第二轮预期得票
    int num;                        // 奶牛的编号
}cow[MAX];                          // 结构体数组表示 n 头奶牛
int cmpa(node p, node q)            // 先按 a 从大到小排序，若 a 相等则按 b 从大到小排序
{
    if (p.a==q.a) return p.b > q.b;
    return p.a > q.a;
}
int cmpb(node p, node q)            // 先按 b 从大到小排序，若 b 相等则按 a 从大到小排序
{
    if (p.b==q.b) return p.a > q.a;
    return p.b > q.b;
}
int main()
{
    int i;
    while (scanf("%d%d", &n, &k) !=EOF)
    {
        for (i=0; i < n; ++i)
        {
            scanf("%d%d", &cow[i].a, &cow[i].b);
            cow[i].num=i + 1;       // 奶牛的编号
        }
        sort(cow, cow + n, cmpa); // 第一次排序，n 头奶牛的第一轮得票排序
        sort(cow, cow + k, cmpb); // 第二次排序，第一次排序的前 k 头奶牛的第二轮得票排序
        printf("%d\n", cow[0].num); // 输出赢得选举的奶牛的编号
    }
    return 0;
}
```

第 6 章

C++ STL

STL（Standard Template Library），也被称为标准模板库，包含大量的模板类和模板函数，是 C++ 提供的一个由一些容器、算法和其他组件组成的集合，用于完成诸如输入 / 输出、数学计算等功能。

目前，STL 被内置到支持 C++ 的编译器中。在 C++ 标准中，STL 被组织为 13 个头文件：<iterator>、<functional>、<vector>、<deque>、<list>、<queue>、<stack>、<set>、<map>、<algorithm>、<numeric>、<memory> 和 <utility>。

STL 由容器、算法、迭代器、函数对象、适配器、内存分配器这 6 部分构成。其中，后面的 4 个部分是为前面 2 个部分服务的；容器是一些封装数据结构的模板类，例如 vector 向量容器、list 列表容器等；STL 提供了非常多（大约 100 个）的数据结构算法，这些算法被设计为模板函数，在 std 命名空间中定义，其中大部分算法都包含在头文件 <algorithm> 中，少部分位于头文件 <numeric> 中。

6.1　STL 容器

STL 有两类共七种基本容器类型。

1）序列式容器。此为可序群集，其中每个元素的位置取决于插入的顺序，和元素值无关。STL 提供三个序列式容器：向量（vector）、双端队列（deque）和列表（list）。此外，string 和 array 也可以被视为序列式容器。

2）关联式容器。此为已序群集，其中每个元素位置取决于特定的排序准则以及元素值，和插入次序无关。STL 提供了四个关联式容器：集合（set）、多重集合（multiset）、映射（map）和多重映射（multimap）。

6.1.1　序列式容器

vector 容器被称为向量容器，是一种序列式容器。vector 容器和数组非常类似，但比数组优越，vector 实现的是一个动态数组，在进行元素的插入和删除过程中，vector 会动态调整所占用的内存空间。在中间插入和删除慢，但在末端插入和删除快。

在创建 vector 容器之前，程序中要包含如下内容：

```
#include <vector>
using namespace std;
```

创建 vector 容器的方式有很多，基本形式为 "vector<*T*>"，其中 *T* 表示存储元素的类型；例如 "vector<double>values;"创建存储 double 类型元素的一个 vector 容器 values。vector 容器包含很多的成员函数。

【6.1.1.1 The Blocks Problem】

输入整数 *n*，表示有编号为 $0 \sim n-1$ 的木块，分别放在顺序排列编号为 $0 \sim n-1$ 的位置，如图 6.1-1 所示。

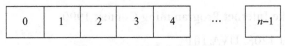

图 6.1-1 初始的木块排列

设 *a* 和 *b* 是木块块号。现对这些木块进行操作，操作指令有如下四种。

1）move *a* onto *b*：把 *a*、*b* 上的木块放回各自原来的位置，再把 *a* 放到 *b* 上。

2）move *a* over *b*：把 *a* 上的木块放回各自的原来的位置，再把 *a* 放到包含了 *b* 的堆上。

3）pile *a* onto *b*：把 *b* 上的木块放回各自的原来的位置，再把 *a* 以及在 *a* 上面的木块放到 *b* 上。

4）pile *a* over *b*：把 *a* 连同 *a* 上木块放到包含了 *b* 的堆上。

当输入 quit 时，结束操作并输出 $0 \sim n-1$ 位置上的木块情况。

在操作指令中，如果 *a*=*b*，其中 *a* 和 *b* 在同一堆块，则该操作指令是非法指令。非法指令要忽略，并且不应影响块的放置。

输入

输入的第一行给出一个整数 *n*，表示木块的数目。本题设定 $0<n<25$。

然后给出一系列操作指令，每行一个操作指令。你的程序要处理所有命令直到遇到 quit 指令。

本题设定，所有的操作指令都是上面给出的格式，不会有语法错误的指令。

输出

输出给出木块的最终状态。每个原始块位置 *i*（$0 \leq i < n$，其中 *n* 是木块的数目）之后给出一个冒号。如果在这一位置至少有一个木块，则冒号后面输出一个空格，然后输出在该位置的一个木块列表，每个木块编号与其他块编号之间用空格隔开。在一行结束时不要在结尾加空格。

每个块位置要有一行输出（也就是说，要有 *n* 行输出，其中 *n* 是第一行输入给出的整数）。

样例输入	样例输出
10	0: 0
move 9 onto 1	1: 1 9 2 4
move 8 over 1	2:
move 7 over 1	3: 3
move 6 over 1	4:
pile 8 over 6	5: 5 8 7 6
pile 8 over 5	6:
move 2 over 1	7:
move 4 over 9	8:
quit	9:

试题来源：Duke Internet Programming Contest 1990

在线测试：POJ 1208, UVA 101

试题解析

本题用 vector 容器 vector<int>*v*[24] 来表示木块，相当于一个二维数组，列确定，每列的行（木块数）不确定；并基于操作指令的规则，用 vector 容器的成员函数模拟对这些木块进行的操作。

首先，设计两个函数：find_pile_height(int *a*,int &*p*, int &*h*)，返回木块 *a* 所在的堆号 *p* 以及 *a* 的高度 *h*；clear_above(int *p*, int *h*)，把第 *p* 堆第 *h* 个木块以上的木块放置到原来位置。然后，在这两个函数以及 vector 容器的成员函数 size() 和 push_back() 的基础上，根据操作指令的规则，每种操作指令都用一个函数实现。最后，在主程序中逐条实现操作指令。

参考程序

```
#include<iostream>
#include<vector>
#include<string>
using namespace std;
int n;
vector<int> v[24];                        // 相当于一个二维数组，列确定，每列的行（木块
                                          // 数）不确定
void find_pile_height(int a,int &p,int &h){ // 找到木块 a 所在的堆号 p 以及 a 的高度 h
    for(p=0;p<n; p++)
        for(h=0;h<v[p].size();h++)         // vector 容器的成员函数 size()，返回元素个数
            if(v[p][h]==a)return;
}
void clear_above(int p,int h){            // 把第 p 堆第 h 个木块以上的木块放置到原来位置
```

```
        for(int i=h+1;i<v[p].size();i++){
            int b=v[p][i];
            v[b].push_back(b);           // vector 容器的成员函数 push_back()，在序列尾部添加元素
        }
        v[p].resize(h+1);                // vector 容器的成员函数 resize()，只保留第 0~h 个元素
    }
    void moveOnto(int a,int b){          // move a onto b: 把a、b上的木块放回各自原来的位
                                         // 置，再把a放到b上

        int pa,ha,pb,hb;
        find_pile_height(a,pa,ha);       // 找到木块a和b所在的堆号以及高度h
        find_pile_height(b,pb,hb);
        if(pa!=pb){                      // a和b不在同一堆，则操作
            clear_above(pa,ha);
            clear_above(pb,hb);
            v[pb].push_back(a);          // vector 容器的成员函数 push_back()
            v[pa].resize(ha);            // vector 容器的成员函数 resize()
        }
    }
    void moveOver(int a,int b){          // move a over b: 把a上的木块放回各自的原来的位
                                         // 置，再把a放到包含了b的堆上

        int pa,ha,pb,hb;
        find_pile_height(a,pa,ha);
        find_pile_height(b,pb,hb);
        if(pa!=pb){                      // a和b不在同一堆，则操作
            clear_above(pa,ha);
            v[pb].push_back(a);          // vector 容器的成员函数 push_back()
            v[pa].resize(ha);            // vector 容器的成员函数 resize()
        }
    }
    void pileOnto(int a,int b){          // pile a onto b: 把b上的木块放回各自的原来的位
                                         // 置，再把a以及在a上面的木块放到b上

        int pa,ha,pb,hb;
        find_pile_height(a,pa,ha);
        find_pile_height(b,pb,hb);
        if(pa!=pb){
            clear_above(pb,hb);
            for(int i=ha;i<v[pa].size();i++)
                v[pb].push_back(v[pa][i]);
            v[pa].resize(ha);
        }
    }
    void pileOver(int a,int b){          // pile a over b: 把a连同a上的木块放到包含了b的堆上
        int pa,ha,pb,hb;
        find_pile_height(a,pa,ha);
        find_pile_height(b,pb,hb);
        if(pa!=pb){
            for(int i=ha;i<v[pa].size();i++)
                v[pb].push_back(v[pa][i]);
            v[pa].resize(ha);
```

```
        }
    }
    int main(){
        cin>>n;                    // n：木块的数目
        for(int i=0;i<n;i++)       // 初始化，0~n-1 的木块放在 0~n-1 的位置
            v[i].push_back(i);     // push_back(i)：在序列 v[i] 尾部添加木块 i
        int a,b;                   // 木块 a 和 b 的块号
        string str1,str2;          // 操作指令中的字符串
        cin>>str1;
        while(str1!="quit"){       // 每次循环处理一条操作指令
            cin>>a>>str2>>b;
            if(str1=="move"&&str2=="onto")moveOnto(a,b);
            if(str1=="move"&&str2=="over")moveOver(a,b);
            if(str1=="pile"&&str2=="onto")pileOnto(a,b);
            if(str1=="pile"&&str2=="over")pileOver(a,b);
            cin>>str1;
        }
        for(int i=0;i<n;i++){      // 输出给出木块的最终状态
            cout<<i<<":";
            for(int j=0;j<v[i].size(); j++)
                cout<<" "<<v[i][j];
            cout<<endl;
        }
        return 0;
    }
```

容器 deque 和容器 vector 都是序列式容器，都是采用动态数组来管理元素，能够快速地随机访问任意一个元素，并且能够在容器的尾部快速地插入和删除元素。不同之处在于，deque 还可以在容器首部快速地插入、删除元素。因此，容器 deque 也被称为双端队列。

使用 deque 容器之前要加上 <deque> 头文件：#include<deuqe>。

【6.1.1.2 Broken Keyboard (a.k.a. Beiju Text)】

你正在用一个坏键盘键入一个长文本。这个键盘的问题是 Home 键或 End 键会时不时在你输入文本时被自动按下。你并没有意识到这个问题，因为你只关注文本，甚至没有打开显示器。完成键入后，你打开显示器，在屏幕上看到文本。在中文里，我们称之为悲剧。请你找到是悲剧的文本。

输入

输入给出若干测试用例。每个测试用例都是一行，包含至少一个、最多 100 000 个字母、下划线和两个特殊字符"["和"]"；其中"["表示 Home 键，而"]"表示 End 键。输入以 EOF 结束。

输出

对于每个测试用例，输出在屏幕上的悲剧的文本。

样例输入	样例输出
This_is_a_[Beiju]_text [[]][][]Happy_Birthday_to_Tsinghua_University	BeijuThis_is_a__text Happy_Birthday_to_Tsinghua_University

试题来源：Rujia Liu's Present 3: A Data Structure Contest Celebrating the 100th Anniversary of Tsinghua University

在线测试：UVA 11988

试题解析

对于每个输入的字符串，如果出现"["，则输入光标就跳到字符串的最前面，如果出现"]"，则输入光标就跳到字符串的最后面。输出实际上显示在屏幕上的字符串。

本题可以用双端队列模拟试题描述给出的规则，用字符串变量 s 存储输入的字符串，deque 容器 deque<string>dq 来产生在屏幕上的悲剧的文本。在输入字符串 s 后，对 s 中的字符逐个处理：当前字符如果不是"["或"]"，则当前字符加入中间字符串 temp 中（temp+=s[i]）；当前字符如果是"["，则中间字符串 temp 的内容插入 deque 容器 dq 的首部；当前字符如果是"]"，则中间字符串 temp 的内容插入 deque 容器 dq 的尾部。

最后，从 deque 容器 dq 中逐个输出字符。

本题的参考程序用到了字符串操作函数 clear()，删除全部字符；size()，返回字符数量；以及 c_str()，将内容以 C_string 返回。

参考程序

```cpp
#include<iostream>
#include<deque>
using namespace std;
string s, temp;
deque <string> dq;                      // 创建一个空的 deque 容器 dq
int main()
{
    while(cin>>s)                       // 每个测试用例一行字符串 s
    {
        char op=0;
        temp.clear();                  // 字符串 temp 清空
        for(int i=0; i<s.size(); i++) // 对 s 中的字符逐个处理
        {
            if(s[i]=='['||s[i]==']')   // deque 容器 dq 实现规则
            {
```

```
                if(op=='[')
                    dq.push_front(temp);        // deque 容器的成员函数 push_front(),
                                                // 将中间字符串 temp 的内容插入到 deque
                                                // 容器 dq 的首部
                else
                    dq.push_back(temp);// deque 容器的成员函数 push_ back(), 将
                                                // 中间字符串 temp 的内容插入到 deque 容器
                                                // dq 的尾部
                temp.clear();
                op=s[i];
            }
            else
                temp+=s[i];
            if(i==s.size()-1)               // 处理中间字符串 temp 的最后一段字符串
            {
                if(op=='[')
                    dq.push_front(temp);  // deque 容器的成员函数 push_front()
                else
                    dq.push_back(temp);   // deque 容器的成员函数 push_ back()
                temp.clear();
            }
        }
        while(!dq.empty())                  // 从 deque 容器 dq 中逐个输出字符
        {
            printf("%s",dq.front().c_str());   // deque 容器的成员函数 front(), 容
                                               // 器的第一个元素的引用; c_str(): 将
                                               // 内容以 C_string 返回
            dq.pop_front();                    // deque 容器的成员函数 pop_front(), 删除首
                                               // 部数据
        }
        puts("");
    }
    return 0;
}
```

6.1.2 关联式容器

map 是 STL 的一个关联容器，一个 map 是一个键值对 (key, value) 的序列，key 和 value 可以是任意的类型。在一个 map 中 key 值是唯一的。map 提供一对一的数据处理能力，在编程需要处理一对一数据的时候，可以采用 map 进行处理。

使用 map 容器，首先，程序要有包含 map 类所在的头文件："#include<map>"。map 对象是模板类，定义 map 需要 key 和 value 两个模板参数，例如，"std:map<int, string>personnel；"就定义了一个用 int 作为 key（索引）、相关联的指针指向类型为 string 的 value，map 容器名为 personnel。

【6.1.2.1 Babelfish】

你离开 Waterloo 到另外一个大城市。那里的人们说着一种让人费解的外语。不

过幸运的是，你有一本词典可以帮助你来理解这种外语。

输入

首先输入一个词典，词典中包含不超过 100 000 个词条，每个词条占据一行。每一个词条包括一个英文单词和一个外语单词，两个单词之间用一个空格隔开。而且在词典中不会有某个外语单词出现超过两次。词典之后是一个空行，然后给出不超过 100 000 个外语单词，每个单词一行。输入中出现的单词只包括小写字母，而且长度不会超过 10。

输出

在输出中，请你把输入的单词翻译成英文单词，每行输出一个英文单词。如果某个外语单词不在词典中，就把这个单词翻译成"eh"。

样例输入	样例输出
dog ogday	cat
cat atcay	eh
pig igpay	loops
froot ootfray	
loops oopslay	
atcay	
ittenkay	
oopslay	

试题来源：Waterloo local 2001.09.22

在线测试：POJ 2503

试题解析

本题需要处理一对一（英文单词、外语单词）数据，所以使用 map 容器 mp，key 和 value 的类型是 string。首先，输入词典，以外语单词为 key、英文单词为 value，在 map 中插入词条（mp[Foreign]=English）；然后，输入要查询的外语单词，从 map 容器 mp 中获取英文单词（mp[Foreign]）。

参考程序

```cpp
#include <iostream>
#include <map>                          // 包含 map 类所在的头文件
#include <string>
using namespace std;
int main( )
```

```
{
    char English[10], Foreign[10];      // English: 英文单词, Foreign: 外语单词
    char str[25];                        // 输入的字符串
    map<string, string>mp;               // 定义 map 容器 mp
    while (gets(str)&&str[0]!='\0')       // 输入词典；每次循环一个词条；空行：词典结束
    {
        sscanf(str, "%s %s", English, Foreign);  // sscanf: 以固定字符串为输入源
        mp[Foreign]=English;              // 在 map 中插入元素, 用数组方式插入值
    }
    while (gets(str)&&str[0]!='\0')       // 每次循环, 处理一个要查询的外语单词
    {
        sscanf(str, "%s", Foreign);
        if (mp[Foreign]!="\0")            // 获取 map 中的元素
            cout<<mp[Foreign]<<endl;
        else
            cout<<"eh"<<endl;
    }
    return 0;
}
```

【6.1.2.2　Ananagrams 】

大多数填字游戏迷都熟悉变形词（anagrams）——一组有着相同的字母但字母位置不同的单词，例如 OPTS、SPOT、STOP、POTS 和 POST。有些单词没有这样的特性，无论你怎样重新排列其字母，都不可能构造另一个单词。这样的单词被称为非变形词（ananagrams），例如 QUIZ。

当然，这样的定义是要基于你所工作的领域的。例如，你可能认为 ATHENE是一个非变形词，而一个化学家则会很快给出 ETHANE。一个可能的领域是全部的英语单词，但这会导致一些问题。如果将领域限制在 Music 中，在这一情况下，SCALE 是一个相对的非变形词（LACES 不在这一领域中），但可以由 NOTE 产生TONE，所以 NOTE 不是非变形词。

请你编写一个程序，输入某个限制领域的词典，并确定相对非变形词。注意单字母单词实际上也是相对非变形词，因为它们根本不可能被"重新安排"。字典包含不超过 1000 个单词。

输入

输入由若干行组成，每行不超过 80 个字符，且每行包含单词的个数是任意的。单词由不超过 20 个的大写和 / 或小写字母组成，没有下划线。空格出现在单词之间，在同一行中的单词至少用一个空格分开。含有相同的字母而大小写不一致的单词被认为彼此是变形词，如 tIeD 和 EdiT 是变形词。以一行包含单一的"#"作为输入终止。

输出

输出由若干行组成，每行给出输入字典中的一个相对非变形词的单词。单词输

出按字典序（区分大小写）排列。至少有一个相对非变形词。

样例输入	样例输出
ladder came tape soon leader acme RIDE lone Dreis peat	Disk
ScAlE orb eye Rides dealer NotE derail LaCeS drIed	NotE
noel dire Disk mace Rob dries	derail
#	drIed
	eye
	ladder
	soon

试题来源：New Zealand Contest 1993

在线测试：UVA 156

试题解析

若当前单词的升序串与某单词的升序串相同，则说明该单词是相对变形词；若当前单词的升序串不同于所有其他单词的升序串，则该单词是非相对变形词。由此给出以下算法。

首先，通过函数 getkey(string&*s*)，将输入字符串 *s* 中的字母改为小写字母，并按字母升序排列；然后，在 map 容器 dict 中，用数组方式插入处理后的字符串，累计字符串的重复次数值，而输入的原始字符串添加到 vector 容器 words 中；接下来，对 vector 容器 words 中的每个字符串进行判断，如果是非相对变形词，则插入 vector 容器 ans 中；最后，对 vector 容器 ans 中的所有相对非变形词按字典序进行排列，然后输出。

参考程序

```cpp
#include <iostream>
#include <map>
#include <vector>
#include <algorithm>
using namespace std;
map<string, int> dict;
vector<string> words;
vector<string> ans;
string getkey(string& s)              // 输入字符串改为小写字母，按字母升序排列
{
    string key=s;
    for(int i=0; i <key.length(); i++)
        key[i]=tolower(key[i]);       // tolower(): 把给定的字母转换为小写字母
```

```
        sort(key.begin(), key.end());          // 字符串按升序排列
        return key;
    }
int main()
{
    string s;
    int i;
    while(cin >> s && s[0] !='#') {            // 每次循环，处理一个输入的字符串
        string key=getkey(s);
        dict[key]++;                           // map 容器 dict 中，累计 key 的重复次数
        words.push_back(s);                    // push_back()：在 vector 容器 words 的最后添
                                               // 加输入字符串 s
    }
    for(i=0; i<words.size(); i++)              // vector 容器 words 中的每个字符串
        if(dict[getkey(words[i])]==1)          // 非相对变形词
            ans.push_back(words[i]);
    sort(ans.begin(), ans.end());
    for(i=0; i<ans.size(); i++)                // 输出非相对变形词
        cout << ans[i] << "\n";
    return 0;
}
```

基于上述实验，对关联式容器 map 的性质总结如下：map 中的元素是键值对 (key, value)；在 map 中，key 值有序而且去重（默认升序），通常用于唯一地标识元素，而 value 值中存储与此 key 关联的内容，两者的类型可以不同。

在 6.1.3 节中【6.1.3.4 Anagrams (II)】则是使用 multimap 的实验。

所谓集合（set），就是具有共同性质的一些对象汇集成一个整体。set 容器用于存储同一数据类型的元素，并且能从中取出数据。在 set 中每个元素的值唯一，而且系统能根据元素的值自动进行排序。

要使用 set 容器，首先，程序要有包含 set 类所在的头文件：#include<set>。定义 set 集合对象需要指出集合中元素的类型，例如，"set<int> s；"表示元素以 int 作为类型，set 容器名为 s。在【6.1.2.3 Concatenation of Languages】的参考程序中，set 中的元素为字符串。

【6.1.2.3 Concatenation of Languages】

一种语言是一个由字符串组成的集合。两种语言的拼接是在第一种语言的字符串的结尾处拼接第二种语言的字符串而构成的所有字符串的集合。

例如，如果给出两种语言 A 和 B：

A = {cat, dog, mouse}；

B = {rat, bat}；

则 A 和 B 的连接是：

C = {catrat, catbat, dograt, dogbat, mouserat, mousebat}

给出两种语言，请你计算两种语言拼接所产生的字符串的数目。

输入

输入有多个测试用例。输入的第一行给出测试用例的数目 T（$1 \leqslant T \leqslant 25$）。接下来给出 T 个测试用例。每个测试用例的第一行给出两个整数 M 和 N（$M, N < 1500$），是每种语言中字符串的数量。然后，M 行给出第一种语言的字符串；接下来的 N 行给出第二种语言的字符串。本题设定字符串仅由小写字母（'a' ~ 'z'）组成，长度小于 10 个字符，并且每个字符串在一行中给出，没有任何前导或尾随的空格。

输入语言中的字符串可能不会被排序，并且不会有重复的字符串。

输出

对于每个测试用例，输出一行。每个测试用例的输出以测试用例的序列号开始，然后给出在第一种语言的字符串之后拼接第二种语言中的字符串所产生的字符串数。

样例输入	样例输出
2	Case 1: 6
3 2	Case 2: 1
cat	
dog	
mouse	
rat	
bat	
1 1	
abc	
cab	

试题来源：UVa Monthly Contest August 2005

在线测试：UVA 10887

试题解析

本题采用 set 容器存储两种语言拼接之后所产生的字符串集合，"set<string> s1;" 定义 set 集合对象 s1；其中，方法 insert() 在集合中插入元素，将拼接产生的字符串插入集合；方法 size() 返回集合中元素的数目，以此给出在第一种语言的字符串之后拼接第二种语言中的字符串所产生的字符串数；而方法 clear() 清空集合中的所有元素。

对于每个测试用例，将第一种语言的字符串和第二种语言的字符串拼接，产生的字符串插入 set 容器 s1 中；然后，通过方法 size() 返回拼接所产生的字符串数。

参考程序

```
#include <iostream>
#include <cstring>
#include <set>
using namespace std;
char str1[1500][10];                    // 第一种语言的字符串
char str2[1500][10];                    // 第二种语言的字符串
int main()
{
    int cas=1;                          // 测试用例序号
    set<string>s1;                      // 两种语言的字符串拼接后所产生的字符串集合
    int t, i, j;
    scanf("%d", &t);                    // t: 测试用例数
    while (t--)                         // 每次循环处理一个测试用例
    {
        int n, m;                       // 两种语言中字符串的数量
        scanf("%d%d", &n, &m);
        getchar();                      // 清空回车符
        for (i=0; i < n; i++)           // 输入第一种语言的字符串
            gets(str1[i]);
        for (i=0; i < m; i++)           // 输入第二种语言的字符串
            gets(str2[i]);
        for (i=0; i < n; i++)
            for ( j=0; j < m; j++)
            {
                char temp[20];          // 两个字符串连接所产生的字符串
                strcpy(temp, str1[i]);  // 字符串复制函数 strcpy
                strcat(temp, str2[j]);  // 字符串拼接函数 strcat
                s1.insert(temp);        // 拼接产生的字符串插入集合 s1
            }
        printf("Case %d: %d\n", cas++, s1.size());    // 集合 s1 中元素个数
        s1.clear();                     // 清空集合 s1
    }
    return 0;
}
```

【6.1.2.4 The Spot Game】的参考程序中，set 中的元素是结构体。

【6.1.2.4 The Spot Game】

Spot 游戏在一个 $N \times N$ 的棋盘上进行，在如图 6.1-2 所示的 Spot 游戏中，$N=4$。在游戏的过程中，两个玩家交替，一次走一步：一个玩家一次可以在一个空方格中放置一枚黑色的棋子（点），也可以从棋盘上取走一枚棋子，从而产生各种各样的棋盘图案。如果一个棋盘图案（或其旋转 90° 或 180° ）在游戏中被重复，则产生该图案的玩家就失败，而另一个玩家获胜。如果在此之前没有重复的图案产生，在 $2N$ 步后，游戏平局。

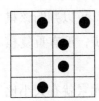 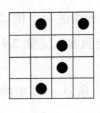 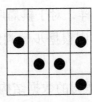 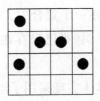 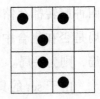

图 6.1-2

如果图 6.1-2 中第一个图案是在早些时候产生的，那么产生后面三个图案中的任何一个（还有一个，即第一个图案旋转 180°，这里没有给出），都会结束游戏；而产生最后一个图案则不会结束游戏。

输入

输入给出一系列的游戏，每局游戏首先在一行中给出棋盘的大小 N（$2 \leqslant N \leqslant 50$）；然后给出玩家的 $2N$ 步，无论它们是否必要。每一步先给出一个正方形的坐标（$1 \sim N$ 范围内的整数），然后给出一个空格，以及一个分别表示放置一枚棋子或拿走一枚棋子的字符"＋"或"－"。本题设定玩家的每一步都是合法的，也就是说，不会在一个已经放置了棋子的方格里再放置一枚棋子，也不会从一个不存在棋子的方格里拿走棋子。输入将以零（0）为结束。

输出

对于每局游戏，输出一行，表明哪位选手赢了，以及走到哪一步，或者比赛以平局结束。

样例输入	样例输出
2	Player 2 wins on move 3
1 1 +	Draw
2 2 +	
2 2 −	
1 2 +	
2	
1 1 +	
2 2 +	
1 2 +	
2 2 −	
0	

试题来源：New Zealand Contest 1991

在线测试：UVA 141

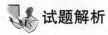 **试题解析**

在参考程序中，棋局表示为一个结构体。每输入一个棋局，就将这一个棋局的

四种旋转都存储在一个集合中。这样，对于棋局序列中的每个棋局，可以判断该棋局是否在集合中，如果已经存在，则根据步数判定赢家。走完 2*N* 步，没有重复棋局，则为平局。

由于 set 的具体实现采用了红黑树的数据结构，所以，set 中的元素就有大小比较。在参考程序中，给出重载函数 bool operator<(const spot&*a*, const spot&*b*)，以比较两个结构的大小，便于在 set 中插入和查找元素。

参考程序

```
#include<cstring>
#include<iostream>
#include<set>
using namespace std;
const int maxn=51;
int n;
struct spot {
    bool arr[maxn][maxn];
}p;                                      // 棋局表示为一个结构体
bool operator < (const spot& a, const spot& b){// 重载函数
    for(int i=1; i<=n; i++)
        for(int j=1; j<=n; j++)
            if(a.arr[i][j] < b.arr[i][j]) return true;
            else if(a.arr[i][j] > b.arr[i][j]) return false;
    return false;
}
void change(spot& w) {                   // 棋局逆时针转 90°
    spot a;
    for(int i=1; i<=n; i++)
        for(int j=1; j<=n; j++)
            a.arr[i][j]=w.arr[j][n+1-i];
    w=a;
}
int main() {
    int a, b;
    char c;
    while(scanf("%d", &n) && n) {
        bool flag=false;                 // 棋局重复标志
        set<spot> s;                     // 把棋局（二维数组）的结构体作为集
                                         // 合元素
        memset(p.arr, false, sizeof(p.arr));
        int count=0;
        for(int num=1; num<=2*n; num++) {
            scanf("%d%d %c\n", &a, &b, &c);   // 输入每一步
            if(flag) continue;
            if(c=='+')                   // 放置棋子
                p.arr[a][b]=true;
```

```
            else                                     // 拿走棋子
                p.arr[a][b]=false;
            if(s.count(p)) {                         // 当前棋局在集合中已经存在
                flag=true;
                count=num;                           // 走了几步
                continue;
            }
            spot t(p);
            for(int j=0; j<4; j++) {                 // 将棋局旋转的四种情况插入
                                                     // 到 set 里面
                s.insert(t);
                change(t);
            }
        }
        if(flag==true)                               // 棋局重复, 判定赢家
            if(count % 2==0) printf("Player 1 wins on move %d\n", count);
            else printf("Player 2 wins on move %d\n", count);
        else printf("Draw\n");
    }
    return 0;
}
```

【6.1.2.5　Conformity】既用到了 map 容器，又用到了 set 容器。

【6.1.2.5　Conformity】

在 Waterloo 大学，一年级的新生们开始了学业，他们有着不同的兴趣，他们要从现有的课程中选择不同的课程组合，进行选修。

大学的领导层对这种情况感到不安，因此他们要为选修最受欢迎的课程组合之一的一年级新生颁奖。请问会有多少位一年级新生获奖呢?

输入

输入由若干个测试用例组成，在测试用例的最后给出包含 0 的一行。每个测试用例首先给出一个整数 n（$1 \leqslant n \leqslant 10\,000$），表示一年级新生的数量。对于每一个一年级新生，后面都会给出一行，包含这位新生选修的五个不同课程的课程编号。每个课程编号是 $100 \sim 499$ 之间的整数。

课程组合的受欢迎程度取决于选择完全相同的课程组合的一年级新生的数量。如果没有其他的课程组合比某个课程组合更受欢迎，那么这个课程组合被认为是最受欢迎的。

输出

对于每一个测试用例，输出一行，给出选修最受欢迎的课程组合的学生总数。

样例输入	样例输出
3	2
100 101 102 103 488	3
100 200 300 101 102	
103 102 101 488 100	

（续）

样例输入	样例输出
3 200 202 204 206 208 123 234 345 456 321 100 200 300 400 444 0	

试题来源：Waterloo Local Contest, 2007.9.23

在线测试：POJ 3640, UVA 11286

试题解析

有 n 位学生选课，每位学生选修 5 门课，有 5 个不同的课程号。要求找出选修最受欢迎的课程组合的学生数量；如果有多个课程组合是最受欢迎的，则计算选修这些组合的学生总数。

一个学生选课的 5 个不同的课程号，用 STL 的 set（集合）容器 suit 来存储；而 n 位学生选课，则用 STL 的 map 容器 count 来存储，map 将相同集合（相同的课程组合）存储在同一位置，在存入一个集合时，该集合出现次数增加 1。同时，记录出现最多的课程组合的次数 M，以及出现次数为 M 的课程组合数 MC。最后输出 $M×$MC。

参考程序

```cpp
#include <iostream>
#include <set>
#include <map>
using namespace std;
int main()
{
    int n;                            //n位学生选课
    while (cin >> n , n) {
        map<set<int>, int> count;
        int M=0, MC=0;
        while ( n-- ) {
            set<int> suit;
            for (int i=0; i < 5; ++ i) {    // 一个学生选课的 5 个不同的课程号
                int course;
                cin >>course;
                suit.insert(course);        //在集合 suit 中插入元素
            }
```

```
            count[suit]++;                      // 集合出现次数增加1
            int h=count[suit];
            if (h==M) MC++;
            if (h>M) M=h, MC=1;
        }
        cout << M*MC<< endl;
    }
    return 0;
}
```

6.1.3 迭代器

要访问顺序容器和关联容器中的元素，需要通过迭代器（iterator）进行。迭代器是一个变量，相当于容器和操纵容器的算法之间的中介。迭代器可以指向容器中的某个元素，通过迭代器就可以读写它指向的元素。迭代器和指针类似。迭代器按照定义方式分为正向迭代器、常量正向迭代器、反向迭代器和常量反向迭代器四种。正向迭代器的定义方式为："容器类名 ::iterator 迭代器名；"。

【6.1.3.1 Doubles 】

给出 2 ～ 15 个不同的正整数，计算在这些数里面有多少对数满足一个数是另一个数的两倍。比如给出：

1 4 3 2 9 7 18 22

答案是 3，因为 2 是 1 的两倍、4 是 2 的两倍、18 是 9 的两倍。

输入

输入包括多个测试用例。每个测试用例一行，给出 2 ～ 15 个两两不同且小于 100 的正整数。每一行最后一个数是 0，表示这一行的结束，这个数不属于那 2 ～ 15 个给定的正整数。输入的最后一行仅给出整数 −1，这行表示测试用例的输入结束，不用进行处理。

输出

对每个测试用例，输出一行，给出有多少对数满足其中一个数是另一个数的两倍。

样例输入	样例输出
1 4 3 2 9 7 18 22 0	3
2 4 8 10 0	2
7 5 11 13 1 3 0	0
−1	

试题来源：ACM Mid-Central USA 2003

在线测试：POJ 1552, ZOJ 1760, UVA 2787

试题解析

本题包含多个测试用例，每个测试用例用整数集合 *s* 存储。

循环处理每个测试用例，整个输入的结束标志是当前测试用例的第一个数是 -1。在循环体内做如下工作：

1）首先，对集合 *s* 初始化，方法 clear() 清除集合 *s* 中的所有元素；

2）然后，通过一重循环读入当前测试用例中的正整数，方法 insert() 在集合 *s* 中插入输入的正整数；

3）最后，通过迭代器 *t* 枚举集合 *s* 中的正整数（for(*t*=*s*.begin(); *t* !=*s*.end(); *t*++)），其中，方法 begin() 返回指向第一个元素的迭代器，方法 end() 返回指向最后一个元素之后的迭代器；并通过方法 count((*t)*2) 计算该正整数两倍的数的个数，如果不为 0，则进行累计。

参考程序

```cpp
#include<iostream>
#include<set>
using namespace std;
int main()
{
    set<int> s;                              // 每个测试用例用整数集合 s 存储
    set<int>::iterator t;
    int temp;
    cin>>temp;
    while(temp !=-1)                         // 每次循环处理一个测试用例
    {
        s.clear();                           // 对集合 s 初始化
        while(temp !=0)                      // 输入当前测试用例
        {
            s.insert(temp);                  // 每个正整数插入集合 s
            cin>>temp;
        }
        int c=0;                             // 有多少对数满足其中一个数是另一个数的两倍
        for(t=s.begin(); t !=s.end(); t++)   // 枚举所有元素，判断是否存在两倍关系
        {
            if(s.count((*t)*2) !=0)
                c++;
        }
        cout<<c<<endl;                       // 输出结果
        cin>>temp;
    }
}
```

【 6.1.3.2   487-3279 】

企业喜欢用容易记住的电话号码。让电话号码容易被记住的一个办法是将它写成一个易于记忆的单词或者短语。例如，你需要给滑铁卢大学打电话时，可以拨打TUT-GLOP。有时，只将电话号码中部分数字拼写成单词。当你晚上回到酒店，可以通过拨打 310-GINO 来向 Gino's 订一份比萨。让电话号码容易被记住的另一个办法是以一种好记的方式对号码的数字进行分组。通过拨打必胜客的"三个十"号码3-10-10-10，你可以从他们那里订比萨。

电话号码的标准格式是七位十进制数，并在第三、第四位数字之间有一个连接符。电话拨号盘提供了从字母到数字的映射，映射关系如下：

- A、B 和 C 映射到 2；
- D、E 和 F 映射到 3；
- G、H 和 I 映射到 4；
- J、K 和 L 映射到 5；
- M、N 和 O 映射到 6；
- P、R 和 S 映射到 7；
- T、U 和 V 映射到 8；
- W、X 和 Y 映射到 9。

Q 和 Z 没有映射到任何数字，连字符不需要拨号，可以任意添加和删除。TUT-GLOP 的标准格式是 888-4567，310-GINO 的标准格式是 310-4466，3-10-10-10 的标准格式是 310-1010。

如果两个号码有相同的标准格式，那么它们就是等同的（相同的拨号）。

你的公司正在为本地的公司编写一个电话号码簿。作为质量控制的一部分，你要检查是否有两个和多个公司拥有相同的电话号码。

输入

输入的格式是，第一行是一个正整数，表示电话号码簿中号码的数量（最多100 000）。余下的每行是一个电话号码。每个电话号码由数字、大写字母（除 Q 和Z 之外）以及连接符组成。每个电话号码中刚好有 7 个数字或者字母。

输出

对于每个出现重复的号码产生一行输出，输出是号码的标准格式紧跟一个空格，然后是它的重复次数。如果存在多个重复的号码，则按照号码的字典升序输出。如果输入数据中没有重复的号码，输出一行：

```
No duplicates.
```

样例输入	样例输出
12	310-1010 2
4873279	487-3279 4
ITS-EASY	888-4567 3
888-4567	
3-10-10-10	
888-GLOP	
TUT-GLOP	
967-11-11	
310-GINO	
F101010	
888-1200	
-4-8-7-3-2-7-9-	
487-3279	

试题来源：ACM East Central North America 1999
在线测试：POJ 1002, UVA 755

试题解析

由于本题要求最后是按照字典序升序的要求输出电话号码，因此用 map 类容器 cnt，使得表元素自动按照电话号码的字典序排列，以避免编程排序的麻烦。

首先，在输入电话号码簿中 n 个号码的同时将每个号码串 s 转化为标准格式的字符串 t：按照题意建立字母与数字间的映射表，根据映射表将 s 中的字母转化为数字，删除 s 中的 "–"，并在 t 的第 3 个字符后插入 "–"。对标准格式 t 的电话号码进行计数（++cnt[t]）。

最后，通过迭代器 p 顺序搜索 cnt：若出现次数大于 1 的电话号码，则输出电话号码的标准格式和次数。其中，迭代器 p 的 first 和 second 值用来返回 p 所指向的数据元素的相应数据项，p->first 是 cnt 的 string 值，而 p->second 是 cnt 的 int 值。

参考程序

```
#include <iostream>
#include <map>
#include <string>
using namespace std;
string s, t;
map<string, int> cnt;
int i, n, f;
int main( )
{
```

```
    cin>>n;                              // 电话号码簿中号码的数量
    while(n--)                           // 每次循环处理一个电话号码
    {
        cin>>s;                          // 电话号码簿中的电话号码由数字、大写字母以及连接符组成
        f=0;
        for(i=0; i<s.size(); i++)        // size() 返回字符串真实长度
        {
            if(s[i]=='-') continue;                      // 删除 s 中的 "-"
            else if(s[i]>='0'&&s[i]<='9') t.push_back(s[i]);
                                         // 字符串之后插入一个字符
            else if(s[i]>='A'&&s[i]<='P')                // 根据映射关系将 s 中的字母
                                                         // 转化为数字
            {
                s[i]-='A';
                s[i]/=3;
                s[i]+='0'+2;
                t.push_back(s[i]);
            }
            else
            {
                s[i]-='A'+1;
                s[i]/=3;
                s[i]+='0'+2;
                t.push_back(s[i]);
            }
        }
        t.insert(3,"-");                 // 在第 3 个字符后插入 "-"
        ++cnt[t];                        // 对 map 容器 cnt 的标准格式的电话号码进行计数
        t.clear();
    }
    for(map<string,int>::iterator p=cnt.begin(); p!=cnt.end(); p++)
                                         // 输出结果
    {
        if(p->second>1)
        {
            cout<<p->first<<" "<<p->second<<endl;
            f=1;
        }
    }
    if(!f) cout<<"No duplicates."<<endl;
}
```

【6.1.3.3　Andy's First Dictionary】

8 岁的 Andy 有一个梦想——他想出版自己的字典。这对于他来说不是一件容易的事，因为他知道的单词的数量还不够。他没有自己想出所有的词，而是想了一个聪明的主意：他从书架上挑一本他最喜欢的故事书，从中抄下所有不同的单词，然后按字典序排列单词，这样他就完成了！当然，这是一项非常耗时的工作，而这

正是计算机程序的有用之处。

你被要求编写一个程序，列出在输入文本中所有不同的单词。在本题中，一个单词被定义为一个连续的大写和 / 或小写字母的序列。只有一个字母的单词也是单词。此外，你的程序要求不区分大小写，例如，像" Apple"" apple"或" APPLE"这样的词被认为是相同的。

输入

输入是一个不超过 5000 行的文本。每行最多有 200 个字符。输入以 EOF 终止。

输出

输出给出一个在输入文本中出现的不同单词的列表，每行一个单词。所有的单词都是小写，按字典序排列。本题设定在文本中不同的单词不超过 5000 个。

样例输入	样例输出
Adventures in Disneyland Two blondes were going to Disneyland when they came to a fork in the road. The sign read: "Disneyland Left." So they went home.	a adventures blondes came disneyland fork going home in left read road sign so the they to two went were when

试题来源： Programming Contest for Newbies 2005

在线测试： UVA 10815

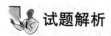 **试题解析**

本题给出每行按空格分隔的文本，要求将文本中出现的所有的单词以小写形式

并以字典序输出。

首先，按行输入字符串，并将其拆分成单词；做法是，将其中的大写字母转换为小写字母，并将不是字母的符号替换为""（空格）；例如，将"Andy's apple"转换为"andy s apple"。然后，将每个单词插入 set 中，set 按字典序对单词进行排列。最后，使用迭代器输出 set 中的单词即可。

在参考程序中使用函数 isalpha() 判断是不是英文字母，函数 tolower() 将大写字母转换为小写字母。

头文件 <sstream> 定义了三个类：istringstream、ostringstream 和 stringstream，分别用来进行流的输入、输出和输入 / 输出操作。stringstream 默认空格会直接分词，所以，在参考程序中，"stringstream ss(s);"从 string 对象 *s* 中读取字符串，然后通过循环（while(ss>>b)）将单词 *b* 插入字典中。

参考程序

```cpp
#include<iostream>
#include<set>
#include<sstream>
using namespace std;
set<string>dict;                          //字典
int main()
{
    string s, b;
    while(cin>>s)
    {
        for(int i=0; i<s.length(); i++)
            if(isalpha(s[i]))             //isalpha() 判断是不是英文字母
                s[i]=tolower(s[i]);       //将大写转换为小写
            else
                s[i]=' ';
        stringstream ss(s);
        while(ss>>b)                      //stringstream 默认空格会直接分词
            dict.insert(b);               //将单词 b 插入 set 中
    }
    for(set<string>::iterator p=dict.begin(); p!=dict.end(); p++)
                                          //迭代器，如同指针
        cout<<*p<<endl;
    return 0;
}
```

关联式容器 multimap 和 map 的功能类似，但在 multimap 中，key 可以重复。使用 multimap 之前，也要加入头文件 <map>。【6.1.3.4　Anagrams (II)】则是使用 multimap 的实验。

【6.1.3.4 Anagrams (II)】

生活在 ×× 的人们最喜欢的娱乐是玩填字游戏。几乎每一份报纸和杂志都要用一个版面来登载填字游戏。真正的专业选手每周至少要进行一场填字游戏。进行填字游戏也非常枯燥——存在着许多的谜。有不少的比赛，甚至有世界冠军来争夺。

请你编写一个程序，基于给出的字典，对给定的单词寻找变形词。

输入

输入的第一行给出一个整数 *M*，然后在一个空行后面跟着 *M* 个测试用例。测试用例之间用空行分开。每个测试用例的结构如下：

```
<number of words in vocabulary>
<word 1>
...
<word N>
<test word 1>
...
<test word k>
END
```

<number of words in vocabulary> 是一个整数 *N*（*N*<1000），从 <word 1> 到 <word N> 是词典中的单词。<test word 1> 到 <test word k> 是要发现其变形词的单词。所有的单词小写（单词 END 表示数据的结束，不是一个测试单词）。本题设定所有单词不超过 20 个字符。

输出

对每个 <test word> 列表，以下述方式给出变形词：

```
Anagrams for: <test word>
<No>) <anagram>
...
```

其中，"<No>)" 为 3 个字符输出。

如果没有找到变形词，则程序输出如下：

```
No anagrams for: <test word>
```

在测试用例之间输出一个空行。

样例输入	样例输出
1	Anagrams for: tola
	1) atol
8	2) lato
atol	3) tola
lato	Anagrams for: kola

（续）

样例输入	样例输出
microphotographics	No anagrams for: kola
rata	Anagrams for: aatr
rola	1) rata
tara	2) tara
tola	Anagrams for: photomicrographics
pies	1) microphotographics
tola	
kola	
aatr	
photomicrographics	
END	

在线测试：UVA 630

试题解析

首先，输入词典中的 n 个单词，并对单词的原字符串按字典序排序，并在 multimap 容器 mp 存储（有序串，原串）；然后，依次输入待查单词。每输入一个待查单词 str，同样对该单词的字符串按字典序排序，通过迭代器，产生的有序串用于比较 multimap 容器 mp 是否存在相同的有序串，如果有，则逐一输出原串。

参考程序

```cpp
#include <iostream>
#include <map>
#include <algorithm>
using namespace std;
int main(){
    int t, n, i;                                      // t 为测试用例数，n 为字典中的单词数
    scanf("%d",&t);
    while(t--){
        multimap <string,string> mp;
        string str;
        scanf("%d",&n);
        for(i=0 ; i < n ; ++i){
            cin >>str;                                // 字典中的单词
            string temp=str;
            sort(temp.begin(),temp.end());            // 原串按字典序排序
            mp.insert(make_pair(temp,str));           // multimap 容器 mp 存储（有序串，原串）
```

```
    }
    while(cin >> str,str !="END"){        // 输入和处理要发现其变形词的单词
        string tp=str;
        sort(tp.begin(), tp.end());        // 要发现其变形词的单词按字典排序
        cout<<"Anagrams for: "<<str<<endl;
        int count=1;
        bool flag=false;                    // 有无变形词的标志
        for(map<string,string>::iterator it=mp.begin() ; it !=mp.
            end() ; ++it){
            if(tp==(*it).first){            // 有变形词，输出
                flag=true;
                printf("%3d) %s\n",count++,(*it).second.c_str());
            }
        }
        if(flag==false)                     // 无变形词
            cout<<"No anagrams for: "<<str<<endl;
    }
    if(t)                                    // 测试用例之间要输出空行
        cout<<endl;
    }
    return 0;
}
```

6.2 STL 算法

算法是编程解决问题的方法。STL 提供了大约 100 个实现算法的模板函数，主要由头文件 <algorithm>、<numeric> 和 <functional> 组成；其中，<algorithm> 是所有 STL 头文件中最大的一个，范围涉及比较、交换、查找、遍历、复制、修改、移除、反转、排序、合并等；<numeric> 涉及简单的数值运算；而 <functional> 则定义了一些模板类，用于声明函数对象。

第 5 章中的 5.4 节给出了利用排序函数进行排序的实验。本节将在 5.4 节的基础上继续展开 STL 算法实验。

【6.2.1 Where is the Marble? 】

Raju 和 Meena 喜欢玩弹珠。他们有很多标着数字的弹珠。一开始，Raju 会按照弹珠上面数字的升序，一个接一个地放置弹珠。然后 Meena 会让 Raju 找到第一个标着某个数字的弹珠。她会数 1…2…3，Raju 找到正确的答案，就得 1 分；如果 Raju 失败，则 Meena 得到 1 分。这样经过一定次数后，游戏结束，得分最高的玩家获胜。现在假设你是 Raju，作为一个聪明的孩子，你喜欢使用电脑解答问题。但你也别小看 Meena，她写了一个程序来记录你花了多少时间来给出所有答案。所以现在你必须写一个程序，这将有助于你扮演 Raju 的角色。

输入

本题有多个测试用例，测试用例的总数小于 65。每个测试用例由两个整数组成：N 是弹珠的数目，Q 是 Meena 询问的次数。接下来的 N 行给出在 N 个弹珠上的数字。这些弹珠上的数字不会以任何特定的顺序出现。接下来的 Q 行给出 Q 个查询。输入的数字都不会大于 10 000，也没有一个数字是负数。

如果 $N=0$，$Q=0$，则测试用例的输入终止。

输出

对于每个测试用例，首先，输出用例的序列号。

对于每次询问，输出一行，该行的格式取决于查询的数字是否写在弹珠上。有如下两种不同的格式：

- "x found at y"，如果在第 y 个位置发现了第一个编号为 x 的弹珠。位置编号为 $1, 2, \cdots, N$。
- "x not found"，如果编号为 x 的弹珠不存在。

有关详细信息，请查看样例输入和输出。

样例输入	样例输出
4 1	CASE# 1:
2	5 found at 4
3	CASE# 2:
5	2 not found
1	3 found at 3
5	
5 2	
1	
3	
3	
3	
1	
2	
3	
0 0	

试题来源：World Finals 2003 Warmup

在线测试：UVA 10474

试题解析

本题的题目描述中，"Raju 会按照弹珠上面数字的升序"，以及 "Meena 会让 Raju 找到第一个标着某个数字的弹珠"，在参考程序中，分别用 STL 模板函数 sort()

和 lower_bound() 直接实现，函数 lower_bound() 返回的是被查序列中第一个大于等于查找值的指针。

参考程序

```cpp
#include<iostream>
#include<algorithm>
const int maxn=10000;
using namespace std;
int main()
{
    int n, q;                       //n是弹珠数目，q是Meena询问次数
    int a[maxn];                    //弹珠上的数字
    int k=1;
    while(scanf("%d%d", &n, &q)!=EOF)
    {
        if(n==0) break;             //测试用例的输入终止
        for(int i=0; i<n; i++)      //n个弹珠上的数字
            scanf("%d", &a[i]);
        sort(a, a+n);               //数组a中n个弹珠上的数字升序排序
        printf("CASE# %d:\n", k++);
        while(q--)                  //每次循环处理一个询问
        {
            int x;
            scanf("%d", &x);
            int p=lower_bound(a, a+n, x)-a;//返回数组a中第一个大于等于x的指针
            if(a[p]==x) printf("%d found at %d\n", x, p+1);
            else printf("%d not found\n", x);
        }
    }
    return 0;
}
```

【6.2.2 Orders 】

商店经理把各种商品按标签上的字母顺序进行分类。标签以同一字母开头的所有种类的商品都存放在同一仓库中，也就是在同一建筑物内，并贴上该字母的标签。白天，商店经理接收并处理要从商店发货的商品订单。每个订单只列一种商品。商店经理按照预订的顺序处理这些订单。

你已知今天商店经理要处理的所有订单，但你不知道这些订单的顺序。计算所有可能的仓库访问方式，以便仓库经理在一天中一件接一件地处理所有的订单请求。

输入

输入一行，给出所有的订单中列出的商品标签（随机排列）。每种商品都用其标签的第一个字母来表示，只使用小写字母。订单的数量不超过 200。

输出

输出给出商店经理访问仓库的所有可能的顺序。每个仓库都由英文字母表中的一个小字母表示，也就是商品标签的第一个字母。在输出中，仓库的每个访问顺序只在单独的一行中仅输出一次，所有的访问顺序都要按字典序排序（参见样例输出）。输出不会超过 2 兆字节。

样例输入	样例输出
bbjd	bbdj
	bbjd
	bdbj
	bdjb
	bjbd
	bjdb
	dbbj
	dbjb
	djbb
	jbbd
	jbdb
	jdbb

试题来源：CEOI 1999
在线测试：POJ 1731

试题解析

本题的输入给出一个字符串，要求对这个字符串中的字符按字典序输出全排列，而且不能有重复的排列。

在参考程序中，用 STL 模板函数 sort() 将输入的字符串按字典序排列，然后，STL 模板函数 next_permutation() 产生下一个排列，如果下一个排列存在，则返回真，否则返回假。

参考程序

```
#include<iostream>
#include<algorithm>
using namespace std;
```

```
int main(){
    char s[50];
    int cnt,i;
    while(scanf("%s",s)!=EOF){
        i=0;
        cnt=strlen(s);
        sort(s,s+cnt);
            do{
                i++;
                printf("%s\n",s);
            }while(next_permutation(s,s+cnt));
    }
    return 0;
}
```